MOM BRAIN

Proven Strategies to Fight the Anxiety, Guilt, and Overwhelming
Emotions of Motherhood—and Relax into Your New Self

宝妈的觉醒

如何平衡孩子、家庭、工作和自我

[美]伊丽丝·多布罗夫·迪玛科(Ilyse Dobrow DiMarco) 著　陈　晓 译

世界图书出版公司
北京　广州　上海　西安

图书在版编目（CIP）数据

宝妈的觉醒：如何平衡孩子、家庭、工作和自我 / （美）伊丽丝·多布罗夫·迪玛科 （Ilyse Dobrow DiMarco）著；陈晓译. -- 北京：世界图书出版公司北京分公司，2024.8. -- ISBN 978-7-5232-1364-3

Ⅰ. B844.5

中国国家版本馆 CIP 数据核字第 2024NC2794 号

Mom Brain: Proven Strategies to Fight the Anxiety, Guilt, and Overwhelming Emotions of Motherhood—and Relax into Your New Self by Ilyse Dobrow DiMarco
Copyright © 2021 The Guilford Press
A Division of Guilford Publications, Inc.
All rights reserved
Published by arrangement with The Guilford Press
本书中文简体版权归属于东方巴别塔（北京）文化传媒有限公司

书　　名	宝妈的觉醒：如何平衡孩子、家庭、工作和自我 BAOMA DE JUEXING
著　　者	［美］伊丽丝·多布罗夫·迪玛科
译　　者	陈　晓
责任编辑	杜　楷
特约编辑	张凤琪　董　桃
特约策划	巴别塔文化
出版发行	世界图书出版有限公司北京分公司
地　　址	北京市东城区朝内大街 137 号
邮　　编	100010
电　　话	010-64038355（发行）　64033507（总编室）
网　　址	http://www.wpcbj.com.cn
邮　　箱	wpcbjst@vip.163.com
销　　售	各地新华书店
印　　刷	天津光之彩印刷有限公司
开　　本	880mm×1230mm　1/32
印　　张	12
字　　数	247 千字
版　　次	2024 年 8 月第 1 版
印　　次	2024 年 8 月第 1 次印刷
版权登记	01-2023-5382
国际书号	ISBN 978-7-5232-1364-3
定　　价	68.00 元

如有质量或印装问题，请拨打售后服务电话 010-82838515

专家推荐

多布罗夫·迪马科博士睿智，风趣，诚恳，平易近人，是很多新手妈妈们理想的女性朋友。她也是一位经验丰富的心理学专家，向我们展示了如何使用经过验证的临床技术来解决新手妈妈不可避免的担忧、恐惧、挫败和孤独感。这是一本杰出的著作，是给全世界新手妈妈们的礼物。

——莉萨·达穆尔（Lisa Damour），
《少女心事解码》(Untangled)、《压力之下》(Under Pressure) 作者

我迫不及待地想向我的朋友们推荐这本书，这些朋友中既包括准妈妈，也包括已经有过一两次生育经验的妈妈们！这本书帮助我弄清楚了作为妈妈的我需要优先考虑的事情，使我能够从不同角度看待我的人际关系。最重要的是，当我坚持我自己，重视自己的需求时，我不再觉得这样做会让我的孩子和其他人失望。我很少重复

阅读一本书，但这本书例外。在我和我的儿子共同成长的过程中，我希望它能成为我的育儿指南。

——布莱尔·B.（Blair B.），

美国北卡罗来纳州罗利（Raleigh）

这是一本很棒的书，值得所有母亲一读。多布罗夫·迪马科博士用恰到好处的幽默告诉你，育儿时偶尔感到焦虑和沮丧是很正常的，是有办法解决的。我是一位母亲，也是一位心理学专家，但我还是从这本书里学到了很多管理我的"妈咪脑"的新策略。

——希琳·L. 里兹维（Shireen L. Rizvi），

美国职业心理学委员会，

新泽西州立大学罗格斯分校应用与职业心理学研究生院

多布罗夫·迪马科博士如此懂我，这可不多见！终于有人写了一本关于"妈咪脑"的书，作者不仅在这本书中提供了令人印象深刻的专业知识，还一边自嘲一边进行自我关怀，承认问题复杂性的同时又尽可能将其简化。作为一名临床心理学专家和一名幼童的母亲，我只有两句话要对作者说：太棒了。谢谢你。

——丽贝卡·施拉格·赫什伯格（Rebecca Schrag Hershberg），

《把坏脾气收起来》(The Tantrum Survival Guide)作者

献给我的男孩们——
我的丈夫克里斯以及两个儿子马蒂和萨姆

目 录 CONTENTS

引 言 __ 001

第1章 "我的大脑发生了什么？" __ 007
认识我们快速运转的"妈咪脑"

情绪过山车 __ 011

身份认同的缺失 __ 012

人际关系的剧变 __ 012

"妈咪脑"的产生：适应变化 __ 013

最有效的帮助：认知行为疗法 __ 014

其他的治疗策略 __ 018

应对原则：有效才是王道 __ 022

我需要去看心理医生吗？ __ 022

第2章 "我为什么如此喜怒无常？"
理解我们激烈起伏的情绪 ... 025

是什么在扰乱我们的情绪？ __ 028
接纳和管理情绪的四种方法 __ 038

第3章 "当了妈妈后，我是谁？"
重新定义我们的身份和工作 ... 057

接纳新身份：因为我是一位母亲了 __ 061
塑造新身份：我想成为怎样的妈妈 __ 068
平衡工作与生活 __ 079

第4章 "为什么我无法停止担心？"
总有大事小情令我们惶恐不安 ... 091

妈妈，被指定的操心者 __ 093
识别担心时的思维陷阱 __ 097
学会管理对小事的担心 __ 099
学会管理对大事的担忧 __ 110

第5章 "为什么我没有安全感？"
对于孩子受伤或生病的强迫性担心 ___ 123

我们的掌控力是有限的 ___ 127

试试暴露疗法 ___ 129

无效策略一：不断检查和验证 ___ 140

无效策略二：寻求安慰 ___ 144

担心自己会伤害到孩子？ ___ 148

预防病毒风险：新冠肺炎疫情的启示 ___ 151

第6章 "我还要赶着送女儿上舞蹈班，哪有时间化妆打扮？"
照顾孩子的同时照顾好自己 ___ 155

全职妈妈就不配雇用保姆吗？ ___ 158

重新制订日程表 ___ 159

照顾好自己的身体 ___ 159

整理床铺：找回一些生活的掌控感 ___ 169

电子产品也可以是救命稻草 ___ 171

追求自己的兴趣爱好 ___ 172

寻求帮助！ ___ 173

说"不"的重要性 ___ 177

不要忽视心理健康 __ 182

第7章 "为什么我的生活不像其他妈妈那样光鲜美好？"
网络时代难以避免的比较心理

183

比较心理中的思维误区 __ 186

你真的了解你的比较对象吗？ __ 188

前面提到的策略同样有用 __ 194

有益的比较：选择正确的比较对象 __ 195

不要害怕"取关"！ __ 196

正确看待他人的评判 __ 197

放下手机！ __ 205

第8章 "为什么我无法成为完美妈妈？"
不切实际的完美主义

209

尽责和完美主义 __ 213

不存在完美的妈妈 __ 214

改变思维：四种认知策略 __ 216

改变行为：四种行为策略 __ 225

关注积极面：你已经做得够好了 __ 232

第9章 "忙于育儿的同时如何滋养亲密关系？"
和伴侣并肩作战、携手同行 —— 237

商定"面对面交流时间" —— 241

想吐槽还是想解决问题 —— 243

想法相左怎么办 —— 244

如何要求伴侣满足你 —— 250

不要忘了表达积极情绪！ —— 254

谈谈性 —— 256

分而治之：如何分担家务 —— 258

第10章 "我才是妈妈！"
应对关系复杂的大家庭 —— 269

和"唠叨的婆婆"设定边界 —— 272

向"冷漠的父母"提出需求 —— 287

走出亲人离世的悲伤 —— 292

理解不喜欢与亲人互动的孩子 —— 293

第11章 "我的社交生活去哪儿了？"
重建适应新生活的友谊 —— 297

调整与老朋友的关系 __ 301

寻找适合你的新朋友 __ 311

跟新朋友设定边界 __ 319

你可以对朋友的请求说"不" __ 321

"妈妈聚会"并不是非去不可 __ 323

第12章 "本该轻松愉悦的旅行中，为什么大家却都不开心？"
与孩子一起度过假期、节日和特别活动 —— 325

很多情况是我们无法控制的 __ 329

有备无患 __ 339

附录 无论如何，基于价值观行事
价值观备忘录 —— 353

使用说明 __ 354

育　儿 __ 355

工作 / 职业 __ 357

健康／自我照顾 __ 358

教育／学习 __ 359

娱乐／休闲／爱好 __ 360

精神信仰 __ 361

社区参与／行动主义 __ 362

伴侣关系 __ 363

大家庭 __ 364

友 谊 __ 365

节日／特别活动 __ 367

家庭假期 __ 368

致 谢 __ 369

引 言

这是 9 年前发生在我生活中的一幕：我已经照顾了我刚出生的儿子马蒂一个小时了，他还是没有消停下来。与此同时，我还在仔细翻阅三本有关育儿的书（是的，我可以边喂奶边读书，也可以边喝咖啡边在手机上看真人秀节目），期望从书里获得如何养育马蒂的建议。但是，我也非常需要知道该如何照顾好我自己。我已经哭了一个小时，我的压力太大了，什么都吃不下。有哪本书能帮帮我？

这一幕在马蒂幼年时期以各种不同形式重演。当我无法让马蒂睡午觉，我无助地痛哭；当马蒂向另一个孩子扔了一块乐高积木，我无助地痛哭；因为我的不小心，给马蒂做的炒鸡蛋里出现了一只蚂蚁，我无助地痛哭。事情总是这样：我被一个又一个育儿挑战弄得不知所措，然后开始慌乱地在书本上或网上搜寻答案，你可以想象我在网上疯狂搜索"宝宝不小心吃了蚂蚁会怎么样"的场景。当完全专注于马蒂的需求时，我几乎无暇顾及自己的需求。

当然，我自己的需求也应当得到重视，所有新手妈妈的需求都应当得到重视。成为母亲后，我们需要优先考虑的事情、身份认同和人际关系都发生了巨变。母亲所做的一切都是在围绕着如何养活孩子这个问题展开。因为你之前没有做过父母，你根本不知道自己需要做什么，不断怀疑自己是否做对了。不管你之前是某个领域的专家、体育迷，还是音乐爱好者，这些标签都会被"母亲"这个身份所吞噬。你对世界及对危险的感知也会发生巨大的变化，因为你突然有了一个要保护的小生命。你对社交媒体上帖子的反应开始被妈妈视角过滤，因为你时时刻刻在对比其他妈妈的生活和你自己的生活。你与伴侣、大家庭成员和朋友的关系也会经受考验，因为这个刚诞生的小生命成了你生活的中心。

不仅如此，由于我们美国的文化倾向于批判一切，在这种文化背景下，经历生育变化的妈妈更容易感到羞愧，因为不管她们怎么做都会受到批判：对孩子过于依恋，又或是不够依恋，都会被批判；工作太努力，又或是不再工作，会被批判；对孩子进行直升机式养育[1]，又或是放养式养育，都会被批判，天知道还有什么不会被批判的。因此，当你想搞清楚作为妈妈你需要做什么，并哀悼失去了曾经的自己和曾经拥有的人际关系时，你还要和来自社交媒体、其他妈妈们，甚至家人和朋友的批评意见做斗争。大家似乎都很关心你怎么育儿，却很少关心你有没有照顾好自己。

因此，毫无疑问，作为一位新手妈妈，我感到**不堪重负。我的脑子里经常充斥着焦虑、内疚、孤独感、羞愧和自我评判，有时又

---

[1] 指对孩子的一举一动和经历给予过度关注的一种养育方式，这种父母高度参与孩子的事情、过度保护孩子，不知疲倦地监督孩子生活的每一个方面，有时甚至代替孩子行事。

会生发出无以言表的爱、快乐和感激之情。

这就是我休完第一次产假、重返工作岗位时的状态。在成为一名临床心理学专家后,我开始接触到很多像我这样的女性:她们的孩子还年幼,她们正经历着身体和情绪的剧烈变化,并且缺少支持,也缺乏应对的技能。

虽然我从来没有接受过专门针对妈妈群体的心理治疗培训,但作为治疗焦虑症的认知行为疗法(CBT)方面的专家,我在缓解焦虑和压力方面有很长时间的从业经历。大量的研究成果及我个人的临床经验表明,CBT及相关的循证策略在治疗焦虑、情绪波动、完美主义等情绪调节问题方面效果非常好。上面提到的新手妈妈们体验到的所有压力,以及她们努力解决的问题正是CBT想要解决的。因此我想,为什么不将CBT调整一下,来教给这些新手妈妈们呢?我认为,CBT可以极大地帮助妈妈们管理她们大脑里不停翻滚的想法和感受。

下面让我花点儿时间来介绍一下CBT。CBT是一种短程的、聚焦于行为的心理治疗形式,该疗法由一些特定的治疗技术组成,其有效性已经得到了众多研究结果的证实。CBT旨在通过改变你对某些事情的思考方式、你的行为方式以及你对自己情绪的解读和反应方式来改善你的机能。人们通常将CBT和另外两种循证疗法——辩证行为疗法(dialectical behavior therapy, DBT)和接纳承诺疗法(acceptance and commitment therapy, ACT)结合使用。与CBT一样,DBT和ACT也提供了具体的应对策略,并且都强调情绪调节、正念觉知和基于价值观的行动。

CBT、DBT和ACT所提供的策略或相关工具都非常契合包括我在内的不堪重负的新手妈妈们的需求,原因有很多:

1. **易学**。妈妈们可以快速轻松地学会 CBT、DBT 和 ACT 中的技能，无须花费长达数年的治疗时间来探讨个人成长史。此外，这些工具清晰明了，妈妈们即使在筋疲力尽、头脑发热时也能学会。
2. **易用**。一旦熟悉了 CBT、DBT 和 ACT 技能，妈妈们就可以在需要的时候立即使用。比如，一位妈妈在社交媒体上看到朋友刻意晒出四岁女儿的看起来很专业的网球员照片时，她就可以立即使用认知和正念技能，控制自己试图拿自己孩子和朋友孩子进行比较的想法，以及由此引发的焦虑。
3. **可长期使用**。随着孩子年龄的增长，妈妈们可以继续使用 CBT、DBT 和 ACT 的工具。现在，我的大儿子马蒂九岁、小儿子萨姆六岁，当我因为他们不知所措时，仍会使用这些技能进行自我调节。就像昨天我的儿子们因为争论哈利·波特的哪个咒语在现实生活中最有用而大打出手时，我强制自己做了一次正念"成人暂停冷静"（adult time-out）[1]。顺便说一句，我最爱的是"飞来咒"[2]。有哪位妈妈不想拥有能瞬间召唤出她所需要的任何东西的能力呢？这样你就不用不停找孩子乱放的东西了，由此可以节省多少时间啊。

在我发现 CBT 对我和向我寻求帮助的妈妈们很有效后，我明确了我的使命：让更多妈妈们能够使用 CBT。我开始在人气育儿网站

---

[1] 原指在篮球或足球等运动中，让运动员暂时停止的技术。后被广泛应用在育儿领域，当孩子做出错误举动时，大人们会迅速把他放在一个安静的地方，使其远离刺激源，一直到惩罚时间结束为止，可以简单理解为面壁思过一段时间。在本书中这种技术被用于处理成人的情绪，故译为"成人暂停冷静"。

[2] 《哈利·波特》中用于召唤物品的咒语，只要念这个咒语，东西就会自动飞来。

上撰写短文，但很快就意识到这样做还远远不够。CBT可以解决更广泛的育儿问题。因此，我决定写一本综合性的书来介绍这些策略，于是本书应运而生。

本书是为那些正在应对0～5岁孩子带来的独特挑战的妈妈们写的。我选择"妈咪脑"作为书名，是为了反映在孩子出生后，妈妈们在认知和情绪方面发生的深刻变化，以及生活方方面面受到的强烈影响，比如身份、人际关系、工作和自我照顾。正如我将要在第1章中讨论的那样，"妈咪脑"引起的生理变化不仅仅是忘记把手机放在哪里这么简单。

本书关注的是妈妈自身，而不是孩子或者育儿问题。本书针对女性成为妈妈后可能面临的各种各样的压力提供了具体的应对策略。在整本书中，我将分享很多我的个人故事以及来访者的故事（出于保密原则，已抹去任何可识别的个人信息）。

本书在编排上，会先讨论基本问题，然后深入探讨一些做妈妈的常见压力源。第1章讨论了女性做妈妈后大脑各个方面的变化，并对CBT、DBT和ACT进行了详细介绍。第2章深入探讨了新手妈妈复杂的情绪体验。第3章探讨了母亲身份认同问题，包括如何平衡工作与生活的关系，并详细介绍了价值观是如何帮助母亲接纳新身份的。第4章和第5章介绍了应对焦虑与担心的有效策略。第6章关注的是妈妈的自我照顾问题。第7章和第8章讨论了应对社交媒体的攀比行为和完美主义问题。第9～11章讨论了孩子出生后妈妈的人际关系维护问题。第12章深入探讨了妈妈们如何度过假期、节日及特别活动的问题。

你如果时间充足，当然可以把这本书从头读到尾。不过如果你有时间这样做，我真的很佩服你。如果成为妈妈后你每天不堪重负，你可以先阅读第 1~3 章，这些章节介绍了一些对你有参考借鉴意义的核心概念，可以帮助你思考成为妈妈之后的新生活。读完这三章，你就可以根据特定时刻遇到的具体问题，选择性地阅读对应的章节。

本书的各个部分都很容易理解消化，因此，即使只有 10 分钟的读书时间，你也能掌握一两个可靠的应对技巧。在育儿早期，只要你有需要，可以随时翻阅对应章节，而不必每次都从头开始阅读。

本书的每一章都包含很多应对策略，但请记住，不是每一种应对策略都会对你有帮助，因为每位母亲都是独一无二的，每个孩子都是独一无二的，世界上不存在两个完全相同的家庭。你会发现，相比其他策略，某些策略在某些情况下对某些人更有效。你可以在阅读过程中记下你觉得对自己有帮助的策略，并试用一下，看看它们是否真的对你有用，以及有多大用处。CBT 是一种实验性的疗法，它假定你会尝试各种不同的应对技巧，直到找到对你最有效的工具。一旦你有了这些工具，便能受用一生。

正如我前面指出的，这本书是写给那些每天都在应对压力和焦虑的新手妈妈们的。它不能用来治疗严重的情绪或焦虑问题，也不能替代心理治疗。在第 1 章和第 5 章中，我讨论了什么时候需要向有资质的心理医生寻求更专业帮助的问题。

根据我多年来自己做妈妈和给其他妈妈们做治疗的经验，"妈咪脑"是永久性的，一旦你的脑子里有了孩子的位置，孩子就会一直盘踞在你的脑海里。我 76 岁的母亲可以证明，即使孩子长大成人了，也还是如此。我希望我可以给你提供一些工具，帮助你接纳"妈咪脑"带来的所有变化，无论是积极的还是消极的。

所以，先把那些关于如何照顾好孩子的书放一放，花点儿时间来学习下如何照顾好自己。我保证，你会因此成为一个更好的妈妈。

第 1 章

"我的大脑发生了什么?"

认识我们快速运转的"妈咪脑"

当听到"妈咪脑"时,你会想到什么?

如果你和我在工作、生活中遇到的大多数妈妈一样,你可能会认同这样的观念,即认为在生完孩子后妈妈容易出现记忆力减退、注意力难以集中和精神恍惚等问题。你也可能已经看过那些关于"妈咪脑"的迷因(meme)[1],大多是一个混乱的、不知所措的妈妈形象——脚穿两只不同的鞋子,胸口还挂着吸奶器。这传递了一个信息:妈妈们一旦有了小孩,睡眠不足等问题就随之而来,她们的大脑很难正常工作。

确实,所有的妈妈都可能经历过精神恍惚和健忘的时期,我就经常忘记让马蒂带上他的棒球手套去参加棒球训练。然而,与流行的看法相反,并没有充分证据证明妈妈在生完孩子后大脑功

---

[1] 通常译为迷因或模因。国外将能产生共情的内容(不限于实事热点、段子)制作成带文字的图、动图或视频,使之得以广泛传播,类似国内流行的表情包、图片段子、娱乐性特效。为了更好理解,后续将译为"表情包"或"段子"。

能会明显下降。最新研究表明，妈妈的大脑会对自己身份的转变进行自主调适，以便更敏锐地关注孩子的需求，这时孩子在她的心里是排第一位的，占据妈妈大脑中大部分空间，挤占了其他一些需要妈妈注意的人和事。这就是为什么我们可能会有点儿健忘，或难以专注于与孩子无关的其他事情。

这些研究发现与我自己作为母亲的经验完全一致。当我有了马蒂之后，他在我心里立即排到了第一位，时至今日仍是如此，不过变成了和他弟弟并列第一。我所做的任何决定不再仅仅为了我自己，无论现在还是未来，我的孩子将永远是我需要考虑的重要因素之一。

"妈咪脑"到底会让人产生什么变化？为了更好地说明这种变化，我用自己的"妈咪脑"作为例子给大家展示一下。下面两张图片分别是我成为母亲前一年和成为母亲后大脑里关注的东西。

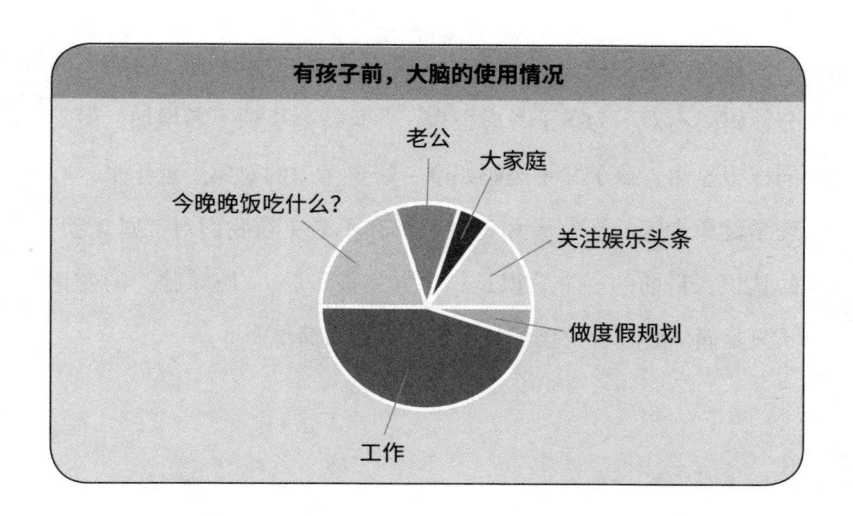

有孩子前，大脑的使用情况

- 今晚晚饭吃什么？
- 老公
- 大家庭
- 关注娱乐头条
- 做度假规划
- 工作

有孩子后，大脑的使用情况

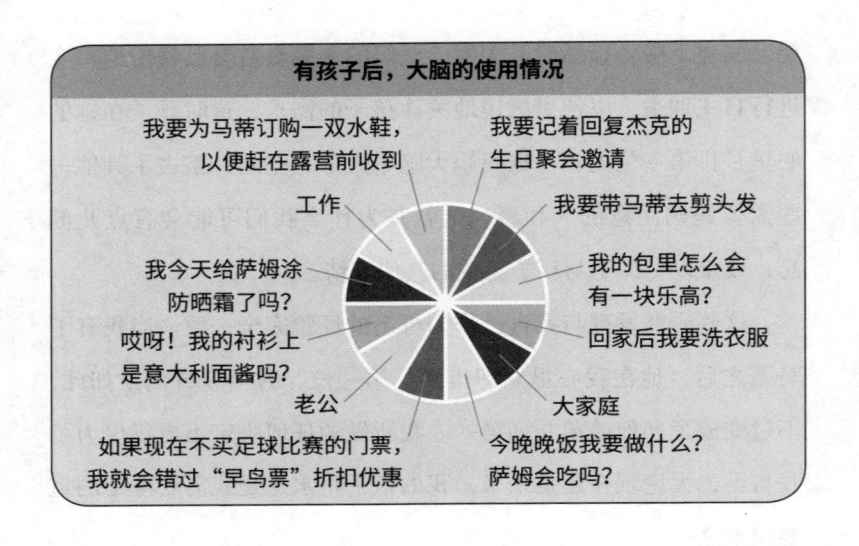

- 我要为马蒂订购一双水鞋，以便赶在露营前收到
- 工作
- 我今天给萨姆涂防晒霜了吗？
- 哎呀！我的衬衫上是意大利面酱吗？
- 老公
- 如果现在不买足球比赛的门票，我就会错过"早鸟票"折扣优惠
- 我要记着回复杰克的生日聚会邀请
- 我要带马蒂去剪头发
- 我的包里怎么会有一块乐高？
- 回家后我要洗衣服
- 大家庭
- 今晚晚饭我要做什么？萨姆会吃吗？

在生马蒂之前，我发型时髦，添置了当季的衣服，计划着到加勒比度假。现在的我，头发分叉、乱糟糟，内衣都还是奥巴马刚上任时买的那件，包里还有一张乐高乐园（Legoland）的季票。

显然，优先级更高的孩子孩子占据了"妈咪脑"的绝大部分，妈妈不得不为孩子考虑很多，并且待办事项不断增加，但是同样很显然，孩子并不是妈妈唯一需要考虑的对象。近年来，心理学健康专家、研究者和记者们都在不断更新我们对"妈咪脑"的认识，目前的一个共识是，在生完孩子后，"妈咪脑"的变化不只是偶尔健忘、把孩子放在第一位这么简单。

情绪过山车

妈妈们的大脑容易被复杂的情绪淹没，经常会在感人肺腑的爱、抓心挠肝的焦虑、百无聊赖和怒火中烧之间快速转换，有时在一瞬间里就能体验到以上所有的情绪。我们将在第2章讨论到，这种情绪波动是由**生理变化**、突然面对**全新的陌生环境**、**不切实际的期望**以及**消极的自我评判倾向**等多种不同因素促成的。焦虑是一种特别有害的情绪。成为妈妈的那一刻，我们突然发现自己肩负另一个生命的责任，这听起来就挺让人焦虑的，与此同时，社交媒体还在不停地引导我们与他人进行比较、产生当妈妈的羞愧，这些都在加剧我们的焦虑情绪。

即使像我这种专门治疗焦虑症的人也无法幸免。在有孩子之前，我常常为自己能轻易反驳社交媒体上危言耸听的帖子和故事感到自豪，但在照料马蒂的漫漫长夜里，我很容易就会被那些帖子吸引。无论今天社交媒体上在讨论什么危机，我都会立刻联想到马蒂也可能会面临这种危险。我会担心我在产后是不是喝太多咖啡？马蒂用嘴咬含双酚A[1]塑料玩具的时间是不是太长了？如果我像社交媒体上一位网友的朋友一样得癌症死了，马蒂就此变成了孤儿怎么办？我现在要照顾一个小生命，所以出现在我面前的每一种危险都变得更加可怕，也更加真实。

---

[1] 双酚A会导致内分泌失调，威胁着胎儿和儿童的健康。癌症和新陈代谢紊乱导致的肥胖也被认为与其有关。欧盟认为含双酚A奶瓶会诱发性早熟，从2011年3月2日起，禁止生产含化学物质双酚A的婴儿奶瓶。

身份认同的缺失

在成为母亲之后,你对自己的身份认同也会发生深刻变化。以让为例,在没有孩子之前,让是用工作来定义自己的,她一心一意扑在工作上,痛斥那些因为照顾孩子而拒掉工作机会,以及在开会中途离开的母亲。她信誓旦旦,如果她有孩子,绝不会让孩子妨碍自己的事业发展。然而,产后5个月的让一边召集电话工作会议(已经开晚了),一边还要推着儿子的婴儿车在小区附近走来走去,因为她的儿子生病了,只有在摇来摇去的婴儿车中才会入睡。当她第12次经过自家门口时,她满心不解:"我怎么会在这里?"

成为母亲会不可避免地深深影响我们的职业生涯,妈妈们需要搞清楚该如何在完成工作和做母亲之间做好平衡。新手妈妈会因为时间和精力不足失去以前的自己,她们以前可能是社交达人、电影迷、美食家或旅行爱好者,最后都会变成同一个角色:妈妈。

人际关系的剧变

新手妈妈经常体验到"妈咪脑"的另一个重要变化,就是亲密关系的深刻变化。例如,玛丽亚现在对丈夫充满怨恨,以前她和丈夫平分家务,但自从女儿出生后,她的丈夫对生活中出现的一个小生命手足无措,玛丽亚不得不独自承担照料女儿的大部分工作。等到女儿一周岁时,玛丽亚发现自己承担了几乎所有的育儿工作。虽然玛丽亚对此无比气愤，但她无力改变，因为丈夫没怎么带过孩子，他对育儿一窍不通。玛丽亚也没有那么多时间和精力来教他怎么带孩子，她感觉自己正深陷在一种对自己和丈夫都无益的关系中。

很多妈妈们也跟玛丽亚一样，在生完孩子后很难和伴侣相处、沟通、有效解决问题。此外，由于祖父母、叔舅、姑姨等人在育儿工作的参与上要么过于热心要么过于冷漠，大家庭的关系也会受到影响。由于无法像之前一样在朋友身上投入那么多时间和精力，友谊也会发生变化。而且有了孩子之后，妈妈们对友谊的期待可能也和之前有所不同。

"妈咪脑"的产生：适应变化

成为母亲的我们会处于这样的境遇之中：我们要对一个无助的小生命负责，复杂的情绪将我们淹没，还有成千上万的事情在等着我们完成，我们的人际关系以及身份认同也在变化，我们的大脑为了适应这些变化拼命运转。

那么我们该如何有效适应这种变化呢？在有孩子之后，我们之前常用的应对策略就不再有效，甚至不再可行。比如，呼呼大睡或狂看电视剧对一个要照顾新生儿的妈妈来说就行不通。

新的变化需要新的应对策略。幸运的是，CBT及相关的循证治疗方法所提供的各种工具，非常适合帮助新手妈妈们应对母亲身份带来的巨大变化。

最有效的帮助：认知行为疗法

我在引言里已经提到，CBT 是一种心理治疗方式，大量的研究已经证明它能有效管理焦虑情绪，改善情绪调节困难等心理问题。CBT 的核心是改变你对事情的思考方式、行动方式，以及对情绪的解读和回应方式。

下面是 CBT 的一些重要特征：

1. **关注当下**。如果你来找我治疗，我不会让你躺在沙发上回忆你的童年[1]。相反，我会让你坐直（除非你真的想躺下，我可以提供沙发），告诉我你现在遇到了什么困难。CBT 不太关心过去，而是聚焦于你此时此刻的问题，并帮助你解决它。这并不是说 CBT 治疗师完全不关心童年经历。事实上，很多新手妈妈们会发现，了解她们自己是如何长大的，以及她们的父母如何应对养育子女的诸多困难是很有帮助的。但总的来说，CBT 更侧重于讨论当下的问题，比如如何应付那个不停地要求你去幼儿园精神委员会做志愿者的妈妈。

2. **目标导向**。CBT 关注当下的另一个相关特征是重视对问题进行清晰的界定，然后找到清晰、有针对性的解决办法。在本书里，我将鼓励你花一些时间确定你正在经历的问题，并为解决这些问题设定具体的目标。

---

[1] 这是精神分析等心理治疗方法采用的主要治疗手段。

3. **基于策略**。CBT 由一系列的策略组成，这些策略能有效处理不同类型的困难。我的目标是用易于理解的方式让你掌握这些策略。跟其他自助书籍不同的是，本书将尽量少用临床术语，多用通俗直白的语言。

4. **必须付诸实践**。一旦你了解 CBT 的策略，下一步就是付诸实践，这样你才知道哪些策略对你最有效，以及它们适用于什么情境。你练习这些新策略的次数越多，就会越得心应手。CBT 的优势就是便于使用，再忙碌的妈妈也能把这些策略融入日常生活中。

CBT 的策略通常分为两类：认知策略和行为策略。

认知策略：重塑你的思维

认知策略可以帮助自己探索你的思维方式、应对那些让你一直处于困境之中的问题。新手妈妈容易陷入思维定势，比如总是从"应该"做什么的角度思考问题，或容易杞人忧天，所以她们需要通过这些认知技巧改变思维模式，并从中获益。

以雅艾尔为例。雅艾尔忘记了儿子梅森心心念念的托儿所"睡衣日"（pajama day）。那天走进学校，看到其他小朋友都穿着最漂亮的睡衣，梅森止不住地哭了起来，直到雅艾尔走出教室时还在哭个不停。因为这件事，雅艾尔认为自己是"世上最糟糕的母亲"。很显然，她在这件事上出现了思维偏差：仅凭睡衣事件这一个例就做出自己是"世上最糟糕的母亲"的判断,我们称这种思维模式为"以偏概全"(overgeneralizing),第 4 章会更深入地讨论这个主题。要改变雅艾尔的思维模式,可以鼓励她多想想其他能证明她是一位好妈妈的证据,比如她能让梅森开怀大笑。

证据是 CBT 中的一个关键术语:CBT 的关键就是确定是否有足够的证据支持你的消极想法。我和我的妈妈来访者们都像科学家一样,努力收集事实证据来支持或反驳我们持有的消极想法。我将在本书中分享很多不同的有效方法,以帮助我们收集这些证据。

行为策略:改变行为进而改变情绪

毫无疑问,行为策略的目标就是改变行为。一般来说,改变行为会促成思想和情绪的改变,思想、情绪的改变也会反作用于行为的改变。俗话"假装,直至成真"(fake it till you make it)在 CBT 中演变成了"仿佛法"(acting as if)[1],这就是一个很好的例证。一开始假装自己可以,久而久之你就真的可以。

CBT 的行为任务可以很简单,比如设定一个进行日常自我照

---

[1] 阿尔弗雷德·阿德勒(Alfred Adler)理论的核心观点之一。费英格(Vaihinger)的"仿佛哲学"认为人们会建构一系列虚构(fiction)来帮助更好地处理现实问题。在此基础上,阿德勒指出所有问题都是观念上的问题(everything is a matter of opinion)之后又提出其理论核心:虚构的终极目标。阿德勒认为,一个人的心理生活之所以能得到发展,主要得益于虚构终极目标,而个体所有的心智力量、感官功能、经验、愿望、恐惧、缺点和长处等,都统合在这一目标之下。

顾的提醒信息；也可以很困难，比如限制你每天晚上看婴儿监控器的时间。

最近，我的不少来访者都在努力克制对手机和社交媒体的依赖。很多妈妈知道对手机的依赖会让她们无法专心育儿、工作或与他人交流，但她们无法抗拒手机的诱惑。我经常和这些妈妈一起制订"手机使用计划"，在计划中规定妈妈们每天使用手机的时长和频率。我告诉妈妈们，这也是帮助她们为孩子的以后做准备。等孩子长到十几岁，她们都需要给孩子制订这样的手机使用计划，对此第7章将会进行更深入的讨论。

我们在本书中讨论的行为策略大致可以分为两类。第一类，以"手机使用计划"为例，是关于时间安排/确定事情先后次序的。因为"妈咪脑"经常超负荷工作，仅靠大脑是无法记住所有要做的事情的，还有一个残酷的事实是我们永远无法完成计划的所有事情。我们必须找到一种方法，把这些事情按照轻重缓急排好序。这就是为什么我还没有买一个新的吹风机，购买新吹风机不是我目前待办事情中需要优先完成的，尽管过去的6个星期，我的老吹风机用起来像一辆开了40年的旧皮卡车一样嗡嗡作响，吹出来的风还有一股烧焦味。在本书中，我们会讨论如何使用这些策略，诸如如何创建日程安排表、设立提醒信息和有计划地安排日常事务的优先次序。

在本书中我们要讨论的第二类行为策略是暴露（exposure）。你可能听过治疗恐惧症的暴露疗法，比如某人有蜘蛛恐惧症，可以通过和蜘蛛待一段时间来消除这种恐惧。但是，暴露疗法可不只是把手放进满是虫子的箱子里这么简单。通常，我们都会尽量回避所有我们害怕的东西，无论是蜘蛛、病菌还是他人的评判，殊不知很多时候这种回避会使问题变得更严重。

以洛根为例，她有时会避免开车带孩子出去。她一直对自己的车技没有信心，自从有了儿子后，如果孩子坐在车后座上，她就担心自己开车会出车祸。因此，尽管有些成人聚会可以提供她亟须的互动机会，但只要是需要开车去的，洛根就经常会拒掉这种邀约。在她的暴露练习中，尽管害怕发生车祸，洛根还是强迫自己答应所有的邀约，并逐步挑战长距离开车。一段时间后，她发现自己变得能控制自己的焦虑，并能成功把车开到目的地。

暴露练习的目标是让你学会**直面恐惧**。暴露练习可以在现实生活中进行，就像洛根那样；也可以进行想象练习，你可以想象自己正直面恐惧。有时，当头晕、呼吸急促或出汗等躯体感觉引起你的焦虑或让你持续焦虑时，它还可以帮助你进行躯体感觉的暴露。我将在本书第5章中讨论暴露练习，告诉你如何制订暴露计划，进而控制劳心费神的焦虑情绪。

其他的治疗策略

除了CBT外，我们还会讨论正念、DBT和ACT的一些策略。就像CBT一样，这些策略都有研究支持，也是基于技能和目标导向性的行之有效的治疗方法。

正念：不带评判，觉知当下

你应该听说过正念，这是一种可以帮助人们管理焦虑、抑郁和压力等问题的练习。正念意味着完全专注于当下，不带评判或试图做出改变。根据这个定义，很多活动都可以被视为正念，如关注你的呼吸、不带评判地关注你脑中出现的想法和感受，以及在正念行走中倾听周围环境中的声音。

我一直用正念来应对包括养育孩子问题在内的很多压力。比如昨天，我正在看一部电视剧的重播，我发现自己的注意力并没有放在电视节目上，我脑子里想的是我需要设一个日历，提醒我把写字板从办公室带回家，以便在儿子们开学前一晚用。当我意识到电视剧无法帮助我平息头脑中的杂音时，我关掉电视，走进客厅，闭上眼睛，专注地听了几分钟祖父送给我的时钟发出的滴答声。通过这样的练习，我就能集中注意力并保持头脑清醒，当我重新打开电视机时，就能够全神贯注地观看电视节目了。

我认为这个练习最适合妈妈们。妈妈们的脑子里总是同时有一百万件事情要处理，经常因社交媒体或孩子的尖叫而分心，每天很少有机会做"精神暂停休息"（mental time-out）的练习。有孩子的生活总是"兵荒马乱"，而在忙碌的一天中，妈妈们迫切需要这样一种**快速解压、提神和重新集中注意力**的方法。

此外，正如我们将在第 2 章中详细讨论的那样，很多妈妈会经历复杂的，甚至是矛盾的情绪。很多正念练习会鼓励你对自己的感受和想法采取非评判的态度，你只需要不作评判地觉察它们、接纳它们，这对妈妈们来说是非常有帮助的。妈妈们需要学会自我关怀，接纳自己的所有情绪，即使其中某些让人不那么愉快，并且认识到这些情绪的存在都是合理的。

辩证行为疗法：学习驾驭强烈情绪和人际关系的技巧

辩证行为疗法（DBT）是由心理学家玛莎·莱恩汉（Marsha Linehan）[1]博士开创的，这种疗法最初被用来帮助边缘型人格障碍和有自杀意念的患者，后来也用于治疗其他各种问题。DBT的技术已经被证明能够有效改善抑郁症和焦虑症患者的情绪调节能力，其主要宗旨是，个体必须以**接纳**和**改变**为目标。也就是说，接纳自己当下的问题，同时也要努力做出改变。DBT针对**正念**、**情绪调节**、**容忍痛苦**和**人际效能**这四个目标领域提供应对技能。

我最近在使用DBT技巧帮助萨拉应对父母将在她家待一周的压力。萨拉很害怕父母在她家待的这一周，因为他们会直接接管她的家，无视她制定的家庭规则，过度宠溺孩子，并且所到之处一片狼藉。我让萨拉使用DBT在人际效能领域中的"如你所愿"（DEAR MAN）技术（第9～11章会有更多关于该技术的介

---

[1] 华盛顿大学心理学教授、精神病学和行为科学系兼职教授及行为研究和治疗门诊部主任，该门诊部针对为严重心理障碍和多重障碍患者开发新的治疗方法并评估其疗效的研究项目而设立。莱恩汉博士的主要研究方向为行为治疗在自杀行为、药物滥用以及边缘性人格障碍中的应用。

绍）把家规告诉她的父母。我们在她的父母到来之前，就如何与父母进行沟通做了角色扮演。

接纳承诺疗法：承诺采取与你的价值观相一致的行动

接纳承诺疗法（ACT）是由心理学家史蒂文·海斯（Steven Hayes）[1]创立的，这个疗法强调两个主要目标：**接纳想法、情绪和环境，以及做出改变行为的承诺**。对于第一个目标，ACT和DBT理念一致，即个体要不加评判地接纳自己的想法、情绪和所处环境。不同的是，ACT还强调个体需要与自己的想法和情绪保持一定的距离，而不认定这些想法和情绪就代表客观事实。ACT的"承诺"策略要求个体阐明自己的**价值观**，并承诺采取与这些价值观一致的行动。和CBT一样，行为改变是ACT的重要组成部分。研究表明，ACT能有效治疗焦虑症和抑郁症。

拉托尼娅很重视运动和健康，但在有了儿子之后就不再运动了。我教她使用ACT的策略，我们讨论了她的运动价值观的重要性，并考虑了所有可能让她无法遵循这一价值观的障碍。然后，我们制订了一个拉托尼娅承诺可以付诸行动的行为计划：她将加入一个当地的垒球队，在训练时把孩子交给伴侣和婆婆照

---

[1] 心理学博士，美国内华达大学心理学系教授、博士生导师，内华达基金会奖教授。他开创了一种治疗心理和精神疾病的新疗法——"接纳承诺疗法"，成为继行为疗法、认知疗法后，美国流行的第三拨心理疗法。

顾。在第 3 章和本书的其他章节里，我们会花大量的篇幅来讨论你的价值观，以及怎样保证做出与价值观相一致的行动。

应对原则：有效才是王道

在本书中，你将会学习 CBT、DBT 和 ACT 策略。有的学者认为这些治疗策略有着不同的治疗目的，比如，CBT 教你反驳自己的想法；而 ACT 则教你和自己的想法保持距离，因此它们是彼此独立的，不可以放在一起学习。但是，我个人一直信奉"有效才是王道"的理念。我认为这三种方法的策略都很棒，对妈妈们也非常有用，一起学习是没有问题的。

根据我个人的经验，这些技术中的一部分在某些情况下或在某些人身上会比其他技术更有效。当你阅读本书时，你会发现某些策略确实对你很有帮助，它们刚好很适合解决你所面临的困难，或者你可以轻松地把它们融入你的日常生活中。我建议你先试试这些策略，并尽可能多加练习，把这些有效的策略纳入你的"妈咪脑"工具包里。如果有的策略使用起来不趁手，你可以试试其他的策略。当你读完这本书，你就会有很多可以帮助你管理需要面对的各种压力的工具。

我需要去看心理医生吗？

到目前为止，你已经了解到：伴随着各种情绪波动和关系变化的"妈咪脑"会对几乎所有新手妈妈产生影响。不过，有些新手妈妈很难适应成为妈妈的这些变化并因此日日挣扎。这些妈妈可能有"围产期情绪或焦虑障碍"（perinatal mood or anxiety disorder, PMAD）。PMAD 是一个比较新的术语，包括产后抑郁症和产后焦虑症，后者涵盖了产后强迫症和创伤后应激障碍。

虽然人们通常认为 PMAD 好发于产后阶段，但在孩子的整个成长过程中，妈妈们都有可能经历明显的抑郁和焦虑症状，以及许多难以处理的其他消极情绪，比如愤怒、内疚、暴躁和怨恨。妈妈们可能还会发现自己有情绪调节方面的困难，很难有效应对和管理自己的情绪。

初为人母的正常消极情绪和需要重视、需要治疗的严重症状是难以区分的。通常情况下，妈妈们的消极情绪不是简单的有或无，所有人都有这些情绪，只是在频率和强度上有所差异。如果你有持续性的焦虑、恐慌、抑郁、悲伤、愤怒、暴躁等消极情绪，并且这些情绪已经对下面这些方面造成影响，你就应该考虑**寻求专业的心理治疗**：

- 有效地照料孩子
- 有效地照顾好自己：洗澡、刷牙，每天花点儿时间待在户外
- 睡眠：睡太多或睡太少，这里不包括新手妈妈的常见睡眠问题
- 吃饭
- 完成日常琐事
- 工作

你需要寻求心理治疗的其他重要指标：

- 想要伤害自己或自己的孩子
- 感觉自己在不断地重复体验分娩、流产等任何过去发生的创伤性事件
- 不停地哭泣
- 感到绝望或觉得自己没有用
- 出现持续的恐惧念头，比如想到孩子受伤或你伤害了孩子
- 担心自己失去理智或疯掉
- 感觉自己无法与孩子建立联结或觉得自己不适合做母亲

"**心理治疗**"是一种比较宽泛的说法，包括治疗和用药，需要由有精神药物处方权的精神科医生进行，他们会根据你的情况进行相应的治疗或用药。

这里需要提醒一下，新手妈妈通常很难照顾好自己，比如无法好好睡觉、吃饭、洗澡。你和你的亲人需要确定的是，这种困难是否已经影响了你的正常工作和生活。如果影响了，一定要向外界寻求专业的帮助。

如果你正处于痛苦之中，你要知道，你不是一个人，而且现在也有很有效的治疗方法。另外，你也可以参见第 5 章，这一章对产后焦虑症有更深入的讨论。

第2章

"我为什么如此喜怒无常?"

理解我们激烈起伏的情绪

我是一名心理学专家，还有一位有过两次生育经验的姐姐，所以当我成为一个准妈妈时，我觉得自己在心理上已经做好了充分的准备，以承受初为人母带来的情绪波动。

遗憾的是，我很快就意识到，多年的心理学培训和替代性的母爱是无法与真正的育儿经历相比的。当然，我体验到了很多我预想中做母亲的典型情绪，包括极大的喜悦、刻骨的疲倦，还有无法胜任之感，但我真的没有预料到这些情绪体验会如此强烈和复杂。

例如被我称为"下午五点晚餐前的低谷"的情境：我浑身是孩子的排泄物、口水、呕吐物，有时三者都有；我很饿，但什么也吃不下；我急切希望我的丈夫下班回家拯救我，但又希望他永远不要回来，这样我还可以在孩子睡觉时狂看几集电视剧；我快要被孩子的不断啼哭逼疯了，这种令人崩溃的状态会持续到吃晚饭的时候，我把这种现象称为"巫术时刻"。

接着是"周日上午超市暴走"经历。好不容易可以出来一趟买东西，我真的很开心，但是外出这件事同时也让我感到绝望，我总是得火急火燎飞奔回家给孩子喂奶，这让我感觉自己像是一个逃犯，身后有警察对我穷追不舍。并且刚出来没多久，我就开始想孩子，迫不及待想回去抱抱他。我永远无法按照自己的期望来生活，我感到既失望又绝望。

还有"妈妈们的戏剧小组之旅"：我很激动，为此我洗了澡，打理了头发，但是刚到戏剧小组我就感觉非常疲惫，想回家睡觉。看到一个孩子把鼻涕弹到我儿子手上，我儿子迅速把它放进了嘴里，我开始担心我的儿子会生病。看到有的孩子似乎在背诵莎士比亚的作品，我又开始担心我儿子在智力发育上是不是已经落后了，思考要不要让他参加一些核心学业的预备项目。不仅如此，我还在和一位以后绝对不会再见面的妈妈闲聊。

无论有没有父母这个身份，我们每天都会体验无数种情绪，这些情绪既有消极的也有积极的。但是，初为人母的生理和生活变化戏剧性地汇集到一起，会让妈妈们经历一个情绪容易激荡的时期，在这个时期我们会被情绪彻底淹没。如果把人的情绪体验比喻成坐过山车，那么初为人母的情绪过山车一开始就是450米的落差，并且转了一圈又一圈，转到呕吐或者昏倒在地，这是我最后一次去六旗大冒险乐园游玩时的尴尬经历。

妈妈们的一项重要任务是学会理解和接纳所有的情绪，不管是积极的、消极的，还是丑恶的。正如我们在本章乃至整本书所讨论的，一旦坐上成为母亲的疯狂情绪过山车，你就永远无法下车了。当然，情绪体验会随着孩子的成长而改变，比如，你的焦虑会从担心自己是否伤害到了孩子,转变为担心孩子是否在学校里受到了霸凌,但不管怎么变化,你的焦虑情绪会一直强烈而复杂。

像我一样,许多新手妈妈最初会对她们强烈而多样的情绪体验感到诧异,因为它们完全不同于以往的情绪体验。我自己以及我的很多来访者一开始觉得自己很情绪化,并想尽办法来控制自己的情绪,但我很快就知道,必须接纳这些起伏不定的情绪,这是"妈咪脑"的一个特征,我只有接纳它们,才能有效应对它们。

在本章中,我们会讨论"妈咪脑"的这些情绪的起源,并重点介绍一些能帮助你应对它们的措施。最后,我们还会专门讨论妈妈们该如何处理对于孩子的消极情绪。

是什么在扰乱我们的情绪?

你还记得自己第一次离家开始独立生活的体验吗?我清楚地记得刚开始上大学一年级时,我努力适应新环境和新生活,想办法养活自己,解决出行问题,以及在有需要时寻求情感支持。那时的我完全找不着方向。

我认为,初为人母所处的阶段就像独自生活的头几个星期,或像人生中的其他重要转折时期,比如搬新家或换新的工作。不同的是,你不仅需要弄清楚如何适应新的生活习惯、照顾好自己,你还要努力照顾好一个小生命。这个阶段和其他的生活变动一样,容易让人迷失方向。

雪莉第一次带着她刚出生的宝宝外出的经历完美体现了新手妈妈的情绪迷失。她决定去一家百货公司买一些婴儿用品，并退掉一些别人送的婴儿礼物。在停车场，她光是把孩子放进婴儿车就花了10分钟，之后，她还要把一大堆婴儿礼物塞进婴儿车那个小小的篮子里。当进入商场时，她已经汗流浃背，沮丧不已。当她排队等着退礼物时，女儿开始号啕大哭，她只能一手抱着孩子，一手扶着婴儿车并在信用卡回执单上签字。

成功退货后，雪莉更加汗流浃背，手臂酸痛。把女儿放回婴儿车后，她飞奔到婴儿产品专区，却不知道该选哪种尿不湿，最后挑了一个看起来还不错的。当她走到收银台时，她往自己过去常去的女装、文具和办公用品（天啊，办公用品！）购物区瞥了一眼，很快得出一个令人失望的结论：今天没时间逛了。在结账的时候，排在后面的一个女人说雪莉的女儿太漂亮了，雪莉内心又立刻充满了爱和感激。当她大包小包拿着东西进家门时，突然记起来把女儿落在了车上，在狂奔回去的路上，她内心又无比自责。

短短的一趟购物之旅，雪莉就经历了沮丧、焦虑、对过往生活的怀念、感激、爱和自责。"短暂的购物之旅"以及过往生活的闪回，都变成了雪莉的情绪雷区。

初为人母的生活处处是情绪雷区。情绪的爆发原因有多种：妈妈们经历了生理方面的变化、进入到一种全新的环境，或不得不适应当前的环境，并发现我们的情绪体验不符合预期。下面，我们将讨论**生理、环境和认知因素**是如何影响妈妈的情绪的。

神奇的激素:生理因素与我们的情绪

你可能还记得,从青春期开始,随着激素的激增容易出现情绪的爆发,不管积极情绪还是消极情绪,都很容易一触即发,且常常反应剧烈。新手妈妈也是如此。实际上,一位生育方面的心理医生一直在致力于宣传"母亲期"(matrescence)[1]这个术语,它描述了新手妈妈所经历的情感和身份认同的变化。这位医生注意到,与青春期少年经历的情绪波动一样,新手妈妈也会有类似的体验。我想到了洛拉,她也是一位新手妈妈,上周找我咨询说,前一周她哭了将近一天,一会儿喜极而泣,一会儿伤心垂泪,一会儿又悲喜交集。

除了激素之外,其他的生理因素也会影响新手妈妈的情绪。睡眠不足是最为明显的因素:当睡眠不足时,我们情绪更容易激动。对我来说至今仍是如此。如果我的儿子半夜把我吵醒,我在第二天必定会为一些毫不相干的事情大发雷霆,比如:"奈飞(Netflix)怎么可以砍掉我最喜欢的《我为喜剧狂》(*30 Rock*)[2]的重播?!"缺乏锻炼和不健康的饮食也会让我们更容易情绪波动。洛拉承认,那天她边哭边吃巧克力,其他什么都没吃。毕

---

[1] 也译作孕乳期,由matr和escence合成,前缀意为母性、母亲的(maternal),后缀是青春期adolescence一词的后半部分。最先提出这个词的人类学家认为,在成为母亲的这一过程中,女性经历了激素的剧烈变化,是个人身份角色的一次巨大转变,心理上接受的冲击不亚于青春期。
[2] 国内译为《我为喜剧狂》或《超级制作人》,是一档讲述节目制作团队台前幕后种种趣事的节目。

竟，还有什么比巧克力更能抚慰人心的呢？但我认为巧克力可能正是引起她情绪波动的原因（我们将在第 6 章详细讨论如何吃得好、睡得好）。此外，许多新手妈妈还会遇到**身体健康问题**，包括分娩时间过长或剖宫产产后迟迟未能完全康复等，这是把孩子送到托儿所的妈妈们面临的一个特殊问题。毋庸置疑，妈妈们如果感到身体不适，就很难同时应对生孩子后生理和情绪的双重挑战。

"呃……我在哪里"：环境与我们的情绪

身体变化的同时，环境的变化也会对新手妈妈的情绪产生重大影响。作为成年人，我们利用经验应对各种熟悉环境中的挑战，比如，我们知道应该如何应对工作中的负面反馈，或者怎样避开爱说闲话的邻居。但当成为母亲时，我们会发现自己进到了一个全新的环境，我们缺乏应对这个环境中各种挑战的经验。

以阿莎为例，她在公司打拼多年，曾立志要做一名职场妈妈，可当儿子一出生，她的生活就被颠覆了。她前脚还在纽约的摩天大楼里做交易，加班到深夜；后脚就回到家里，穿着运动裤看电视节目，背着孩子在房间里兜圈子。阿莎自信可以安抚客户的愤怒情绪，却对一个尖叫哭闹的孩子束手无策。每天她的孩子都会为她带来全新体验和情绪反馈。

和阿莎一样，埃玛发现自己被推入了一个毫无心理准备的境地中。埃玛在孩子四岁六个月大时搬到了郊区，并决定加入孩子学校的家委会（PTO）[1]，以为这样可以认识新朋友。但是，她被家委会的政治斗争吓到了，在这个组织里，有几派咄咄逼人的家长试图干涉学校的决策，这是埃玛之前从未涉足过的环境，这些家长打着为孩子辩护的幌子公然滥用权力。埃玛很困惑，也很愤怒，她不知道如何在不疏远其他家长的情况下有效应对这些政治斗争。

埃玛和阿莎都发现自己无法适应陌生的环境。有的妈妈还会发现，即使把孩子带到她们曾经熟悉的环境里，也会产生陌生感。以雪莉的商场购物事件为例，以前她到商场可以轻松快速地购物，现在因为带着小孩子，需要给孩子买东西，购物过程就变成了一次充满压力的实地考察。和孩子一起度假也是如此，你将在第12章看到，以前的度假非常轻松，充满了美好记忆，一旦有了孩子，假期就变了味，伴随着眼泪、发飙和暴饮暴食。妈妈们必须知道，在有了孩子之后，原来可控的环境也会失控。

对新手妈妈来说，突然身陷过度评判的文化之中这个环境变化也需要提一下。我们会在第7～8章中更详细地讨论这个问题，但我还是想在这里先提出来，对妈妈们的评判无处不在，不可避免地会对我们的情绪产生巨大的影响。我们的文化期待妈妈们是完美的，要求妈妈在养育孩子过程中不能把自己的需求放在第一位，但是，没有人能成为完美的妈妈。妈妈们还要时刻承受来自

---

[1] 全称parent-teacher organization，是指家长和教师一起帮助学生学习和成长的组织，类似国内学校的家委会。

持有不同育儿理念的人的评判,这些人可能是社交媒体上的陌生人、其他妈妈,甚至是家庭成员和朋友。不用说,这种评判倾向的文化成了妈妈们焦虑、羞愧和自我批评滋生的温床。

这不是我想的那样:我们的期待与我们的情绪

切冯认为自己足够了解自己。她沉着、冷静、镇定,喜欢把事情处理得井井有条,遇事总能泰然处之。在工作中,她冷静的举止能让最难缠的客户放松下来,所以经常被派去应对各种棘手的客户。但是,现在切冯正和她两岁的孩子在一起,她一边对着孩子大喊大叫,一边试图将不断扭动的孩子塞到车里的儿童座椅上。切冯感到非常沮丧绝望,情绪完全失控。这个曾经冷静的来访者是怎么变得情绪崩溃的?

像切冯一样,在成为母亲前,我们大多数人都自认为对自己和自己的情绪反应了如指掌。我们知道什么会让我们笑和哭、什么会让我们变得脆弱、什么会让我们心动。然而,成为妈妈往往会引发完全不同的情绪反应,这很大程度要归咎于前文所讨论的激素和环境变化。以我自己为例,在有孩子之前,我不知道烦躁易怒是一种什么感觉,但在有孩子之后,我在一些甚至很多场合中都会莫名其妙地有这种感觉。

很多准妈妈以为她们了解做母亲是一种什么感觉,而当现实与预期不符时,她们轻则感到迷茫,重则崩溃。下面,我分享几个故事，这些故事表明了做母亲的情绪体验可能在很多方面都与我们的预期不一致。

期待阳光和鲜花的妈妈

凯特从小就想当妈妈，她把洋娃娃当成孩子来爱，有时也会给娃娃设计发型，尽管大多时候都不太好看。她迫不及待地希望有一天可以辞去工作，成为一名全职妈妈，但在有了女儿之后，她发现做母亲的感觉远没有她想象中那么神圣。当然，做妈妈会有幸福的时刻，但更多是悲伤、绝望和疲惫。凯特浏览社交媒体上那些看起来很快乐的妈妈以及她们的阳光宝贝，她不知道自己错过了什么、为什么和她们不一样，她觉得这些妈妈是"天选"的母亲，而自己显然不在此列。

实际上，社交媒体所展示的幸福妈妈往往都是过度美化后的，是不那么真实的，这可能会让像凯特这样的妈妈们大吃一惊。通常情况下，对自己做妈妈有过高期望的妈妈们，如果最后并没有像社交媒体上的那些妈妈一样感到百分之百的快乐和满足，就会觉得自己很失败，又或者会觉得自己不是称职的母亲，或者天生就不适合做母亲。我个人反倒觉得，如果一位母亲每天都很开心、很兴奋，这才是最不自然的事情，我们会在第 7 章更详细讨论社交媒体上展示的母亲形象。

想要"乘风破浪"而非"风平浪静"的妈妈

马伊已经做好准备迎接成为母亲后的情绪波动。作为一个流行的妈妈幽默网站的忠实粉丝和评论员,她给自己打上"我是糟心妈妈"的标签,配上一张身上趴着四个不同年龄孩子的疲惫不堪的妈妈图片。她深信做母亲就是上一分钟上天堂,下一分钟下地狱。

然而,令她万万没想到的是,成为母亲后的大部分时间都是风平浪静的,如同流水账般寡淡,有的只是带孩子的漫长而无聊的日子,以及一些没什么特别的烦恼,比如能不能趁着孩子午睡,在图书馆关门前赶到图书馆还书;网上的婴儿产品什么时候还有促销活动;能不能找个保姆来看一下孩子,这样她就可以去参加朋友的生日聚会。

找我咨询的很多妈妈都很惊讶,**原来育儿如此乏味**。这是因为亲子博客、电视或电影一般不会展示育儿的日常琐事,毕竟这种日常生活太无聊了,没有人会看的。所以,这些媒体经常把母亲塑造成压力巨大,或者满怀爱和感激的形象,你很少看到平平无奇的母亲。这样的描述往往不靠谱,严重以偏概全。我特别想指出的是那些没完没了吐槽妈妈的帖子和表情包,内容大多是不堪重负的妈妈把一大杯葡萄酒灌下肚。难道我们这些妈妈已经沦落到需要以酒度日了?

没有预料到会"百感交集"的妈妈

我以前会无视这些描绘以酒度日的妈妈的帖子,还有那些把做母亲后的生活描绘得无比快乐的帖子,因为从我的姐姐身上,我早就看到做妈妈后的生活状态常常会在非常美妙和令人窒息之间切换。但我万万没想到的是，我每次做妈妈都会体验到如此真实且极具冲突性的情绪。

以我自己在超市里买东西又必须赶回家给马蒂喂奶的经历为例。当我在超市时，我既为自己被马蒂拴得死死的感到绝望，又渴望重新把他抱在怀里。就在那一刻，我既因这个孩子改变了我的生活而难过，又全身心爱着这个改变我生活的孩子。

我接待越多妈妈来访者，就越意识到这种矛盾的情绪才是妈妈的真实体验：**我们常常在对孩子感到愤怒或沮丧的同时，又全身心爱着他们**。看到伴侣和孩子在一起的时候，我们心中充满爱意，但一转眼看到洗碗池里的碗碟又瞬间变得沮丧。我们会感激父母晚上帮忙看孩子，但当我们回家看到孩子还在床上闹腾，也会火冒三丈。在一次狂怒之后，马蒂曾承认自己"百感交集"！我一直记得这句话，我觉得这句话也是对新手妈妈的情绪体验非常精准的概述。

有控制欲的妈妈

还记得沉着、冷静、镇定的切冯吗？她发现自己处理不好儿子不愿意坐儿童椅的问题，她常常因为儿子失去理智，感觉无法控制自己的情绪，这让她很不安。

这种无法控制自己情绪的期望绝非妈妈独有。在生活中，是不是很多人在感到不安、焦虑或愤怒的时候，被要求克服它或忍受它？我们很多人从小就被教导，必须控制自己的负面情绪，并竭尽全力消除它们。

但问题是，我们人类控制自己情绪的能力是出了名的糟糕。我认为，情绪控制对妈妈来说更困难，因为她们正在应对前文讨论过的生理、环境和认知挑战。一旦成为妈妈，我们的情绪就更容易波动，也更难平复。有一次，小小环保者来到我家门口，我就止不住开始掉眼泪，想着他们的父母会为他们做这样的事情而自豪。我也会为他们还有我的儿子未来需要承担气候变化的后果而忧心忡忡，如果这些小孩子在我生孩子之前来找我，我最多只会恼怒他们打扰到我吃晚饭。

我对气候变化的忧虑还表明了母亲情绪体验的另一个特点，很多母亲对威胁性的信息过度敏感，因为我们认识到，我们孩子的未来也许会危在旦夕。我的很多来访者告诉我，以前她们觉得没有什么大不了的问题，像是气候变化或政局不稳，现在都会让她们心神不宁。我们将在第 4 章中讨论到，当你不仅要担忧自己的安全，还要担忧孩子的安全时，你就更难摆脱类似校园枪击案或灾难性天气的新闻所带来的影响。

我怎么会有这样的感觉：评判与我们的情绪

正如我们前文所讨论的，妈妈们的情绪过山车是由没有达到的预期、新的环境和生理变化导致的，这种情绪体验还有另外一个特点就是消极的自我评判，这会使得这段情绪之旅更加危险。还记得凯特吗？就是那个感慨自己的生活跟社交媒体上的妈妈们完全不同的妈妈。凯特除了体验到新手妈妈常见的消极情绪，如悲伤、焦虑、无聊和沮丧，她还因为自己有这些情绪而自责，她认为，如果她是天选的母亲，就应该很享受这段做母亲的经历。

我已经记不清有多少妈妈来访者因为自己感到悲伤、焦虑或只是偶尔厌倦做妈妈而感到羞愧或自责。遗憾的是，自我评判会让本就复杂的情绪雪上加霜，经历焦虑、悲伤、孤独或怨恨已经够糟糕了，如果你还因为这些情绪而评判自己，就是在往里面加入自责和羞愧等新的消极情绪。因为自己感觉糟糕而惩罚自己，这简直是把自己推向无底的深渊。

妈妈们要学会接纳自己的消极情绪，而不是评判或试图控制它们。我们的目标不是消除情绪，就像之前说过的，人在控制自己的情绪方面表现得很糟糕，我们的目标应该是接纳我们的情绪，并选择合适的应对策略。

接纳和管理情绪的四种方法

在本章中我想告诉你一点，那就是新手妈妈感到悲伤、无聊、愤怒、怨恨和焦虑，或同时体验到这些情绪是再正常不过的现象。虽然接纳强烈的消极情绪有些困难，但是**学会有效应对这些情绪的关键第一步就是接纳它们**。在我看来，当妈妈们感觉很糟糕时，通常有两种选择：花时间质疑自己的消极情绪，评判自己，并试图摆脱它们，结果是引发沮丧感，而且浪费时间和精力；或者接纳自己感觉很糟糕的事实，进行自我关怀，把精力放在如何应对自己的感受上。

接下来的几节中,我们将讨论一些接纳和应对消极情绪的通用策略,不管你正在经历哪种或哪几种消极情绪,你都可以立即使用这些策略。后续我还会分享更多的策略,旨在帮助你应对成为母亲所经历的其他常见情绪,如与孩子相关的焦虑、完美主义、社交媒体上的比较心理和人际关系变化带来的烦恼。

监测情绪并找到情绪信号

在对消极情绪做出反应之前,你要能先识别它们。贝丝是一对四岁双胞胎的妈妈,她总是说自己容易"脸烫"。当对孩子或伴侣感到沮丧,或只要有压力,贝丝就会脸红出汗:"我只是在切苹果,但我的脸却像刚跑完马拉松一样红。"跟贝丝一样,我们都会接收到一些情绪信号,这些信号有的来自我们的身体,有的来自我们的大脑,它们提醒我们自己正在被消极情绪淹没。常见的信号包括出汗、胃部不适、反复的念头,或者是脑子里翻飞的歌词(只有我一个人是这样吗?)。对于大多数人来说,不同消极情绪的信号不同,比如,焦虑时会呼吸急促,悲伤时会流泪,受挫时则会紧张。

弄清楚我们的**情绪信号**很重要,这些信号可以在情绪压垮我们之前提醒我们。妈妈们经常跟我说,她们往往都会让悲伤、压力、挫折等消极情绪累积到无法承受的程度,最后崩溃。实际上,DBT 里有一个术语叫"情绪化思维"(being in emotion mind),指的就是当我们被情绪控制时,我们的理性和逻辑都会被抛诸脑后。如果你能觉察到自己的情绪信号，用著名家庭治疗师欧文·亚隆（Irving Yalom）[1]博士的话来说，在情绪起于细微时捕捉到它们，就有可能在情绪失控之前采取有效的措施。

了解我们的情绪信号的最佳方法是花几天时间来监控它们。在一天中，每当你感觉自己的情绪在起起伏伏、反反复复波动时，花一分钟来觉察正在接收的信号，以及你觉得可能隐藏在这些信号背后的情绪。你还要记录当时你在何地、正在做什么，可以用手机中的记事本或者情绪跟踪应用程序进行记录。这种监控有助于提高你对情绪信号和消极情绪的觉察能力，并显示你在何时、何地、与何人在一起时最容易受到这些信号和消极情绪的影响。

使用"成人暂停冷静"技术

一旦你理解自己的情绪信号并觉察到它们开始启动了，一个有效的应对方法就是进行一次**"成人暂停冷静"**。来访者萨拉就曾开玩笑说，她为儿子准备了一张"暂停冷静"椅，希望自己也能有一张这样的椅子，当她需要一些自己的空间时，可以在上面坐坐。我告诉她这个想法很好，但我认为她不是真的需要一把这样的椅子，当她对自己的情绪束手无策时，她需要做的也许只是

---

[1] 斯坦福大学精神病学终身荣誉教授，美国团体心理治疗权威，与维克多·弗兰克尔（Viktor Emil Frankl）和罗洛·梅（Rollo May）并称存在主义治疗法三大代表人物。

暂停冷静一下。

进行"成人暂停冷静"可以通过很多不同的方式：

1. **离开房间**。有时，只是改变一下环境，即使只离开几分钟，都是有用的。萨拉有一个五岁的儿子，她家里有一个通过纱窗围起来的门廊，她把这个门廊称为家里的"禅意之地"（Zen place），当觉察到自己的情绪信号时，她就会去这个地方安静地待上一会儿。萨拉的儿子已经长大了，可以在无人看管的情况下自己待一会儿，当然，要给他准备好平板电脑。对于那些需要时刻盯着孩子的妈妈，你可以带着孩子进行"暂停冷静"，哪怕只是在小区里走一圈也行。作为一个母亲，我很早就意识到，换个环境往往可以帮助我避免由孩子引起的情绪崩溃。带上孩子跟你一起"暂停冷静"，也能够让孩子冷静下来，这是一个一石二鸟的策略！

2. **试试肌肉放松**。渐进式肌肉放松疗法（Progressive muscle relaxation, PMR）是一种非常容易掌握的经典 CBT 技术。从头部开始，沿着身体逐渐向下转移，绷紧和放松不同的肌肉群，先保持肌肉收紧 5～10 秒，然后再放松。这个方法有助于缓解身体紧张，也可以让头脑渐渐安静下来，起到让精神暂停冷静的作用，让你能够专注于自己的身体。理想情况下，你可以坐着或躺着做这个练习，不过也有一些肌肉群，像是手臂、手肘、脖子或肩膀，需要在走动或站立的时候进行收紧和放松的练习。我非常推崇在工作场所练习渐进式肌肉放松疗法，很多时候，我都是把双手放在办公桌下反复收紧和放松。
3. **正念练习**。正念练习非常适合在"成人暂停冷静"期间进行，我们将在下一节详细讨论正念练习。

"成人暂停冷静"不仅能确保你有一些时间和空间来处理自己的情绪，还能让你通过这种方法给孩子示范应该如何有效处理情绪，你的孩子会发现休息一下比大喊大叫更能有效处理当下的强烈情绪。

使用正念

近年来，正念作为压力、抑郁和过度刺激的解药良方广为流行，已经被纳入CBT的技术之中，也是包括DBT和ACT在内的几个循证疗法的重要技术之一。我的很多妈妈来访者一听到正念就害怕，以为正念就是精神探索之旅。实际上，正念非常容易学习，也非常适合用于"成人暂停冷静"练习。正念练习可以**快速减压、提神、重新集中注意力**，因此，当我们被情绪淹没时，正念能帮助我们进行有效应对。

"正念"指的是专注于当下的事情，对此时此刻的自己不带评判，也不试图改变当下。按照这个定义，有很多的活动都可以视为正念练习。

其中一个练习是三分钟呼吸空间，这也是正念认知疗法（mindfulness-based cognitive therapy，MBCT）的一项重要练习。

在三分钟呼吸空间里,每一分钟都有不同的练习任务:第一分钟,你只需不带评判地觉察当下的想法、情绪、身体感觉;第二分钟,专注于你的呼吸;第三分钟,专注于你的整个身体和周围的环境。下面的表格里提供了一个更为详尽的三分钟呼吸空间练习指导。

三分钟呼吸空间

第一分钟:试着接受你此时此刻的体验,不要评判自己。你的脑海里出现了什么?你在想什么?你有什么感受?你的身体是否有感觉?如果有,是什么感觉?你只需要观察和描述你的体验。

第二分钟:把你的注意力集中到呼吸上,然后慢慢地转移到你的腹部,或者其他你能感觉到自己呼吸的身体部位。去觉察你的身体是如何随着吸气向外扩张,又随着呼气向内收缩。如果你发现自己的思绪游离了,你只需要把注意力拉回到你的呼吸上。不要评判或刻意改变你的体验。

第三分钟:尝试把你的意识扩大到整个身体。觉察你的整个身体,从头到脚。慢慢地把你的意识扩展到你所处的整个空间。当一分钟时间到了,慢慢睁开眼睛。

你也可以通过选择专注于不同的日常活动,轻松地将正念融入日常生活之中。罗莎的例子最为典型,她非常讨厌洗奶瓶(哪位妈妈会喜欢呢？），但每天要做好几次这个烦琐的工作。她决定尝试用正念法洗奶瓶，专注于这个过程所带来的不同体验：有时是感受温热的肥皂水从指间流过；有时是专注于奶瓶形状各异的配件及其细节和缝隙；有时是专注于水从水槽流走的声音。通过正念法洗奶瓶，罗莎实现了两个目标：赋予一件平凡的工作以意义，并确保一天中有好几次恢复精力的机会。

事实上，任何事情都可以融入正念练习，比如听音乐、出门散步或做饭，你只需要专注于所选事情的某一个方面，并且不评判你自己或你的感受即可。我个人最喜欢的即兴练习，是冬天走在纽约街头，专注于每个我所看到的人脚上的某一品牌的靴子。如果你无法百分之百专注于当前的任务，也没有关系，一定不要评判自己！正念练习的目的不是让你的头脑一片空白，而是给自己一分钟的时间，重新把注意力拉回到当下，这样就能够有效帮助你应对正在面临的压力。

用正念应对你的情绪

到目前为止，我介绍的正念练习都是旨在帮助你在情绪中"暂停冷静"，在这些练习中，我建议你把注意力集中在其他事情上并保持几分钟，直到你觉得自己已经为处理这些情绪问题做好了准备。还有一种正念练习可以在"成人暂停冷静"期间使用，它要求你刻意专注于自己的消极情绪。为了避免让你误以为这是受虐狂练习，我需要做进一步的解释，这种关注消极情绪的练习的关键是，你只是和这些情绪待在一起，允许它们原本的样子，而不是试图评判或改变你的感受。你应该想到,这个练习非常适用于习惯对自己的消极情绪进行自我评判的妈妈们。

拉莫娜就是这样的妈妈。在我们的早期治疗中,她经常分享自己作为一位新手妈妈感到悲伤和焦虑的故事,这些故事都以她为自己的感受自责结束。她有这样一次典型表述:"我的丈夫忘了扔掉要回收的垃圾,我很崩溃。我非常生气,对他完全失去了信心。我控制不住地吼叫。我当时应该理解他,毕竟他和我一样睡眠不足,我感到非常内疚。"

我鼓励拉莫娜通过意象(imagery)练习来学习用正念控制情绪,这很容易,只需闭上眼睛,把你的感觉和相关的想法想象成溪流中的树叶,或传送带上的箱子,或飘浮在空中的泡泡。关键是不作评判或改变,只是观察这些感觉和想法。最终目标是帮助你学会接受当下的消极情绪,而不是让这些感觉消失,正如我们前面讨论的那样,没有人能够真正做到让情绪消失。这些练习有助于降低情绪的强度和力度,我们将在第 4 章细讲这个主题。

即使感觉一团糟,也要培养自我关怀之心

正念的另一个重要组成部分是自我关怀(self-compassion),这对妈妈们来说非常重要。**正念自我关怀**包括同情地对待自己,理解自己和所有人一样都是有缺点的。鉴于妈妈们经常以严苛的标准要求自己,正念自我关怀练习可以帮助妈妈们处理自责等指向自我的消极情绪。

我特别喜欢心理学家克里斯廷·内夫（Kristin Neff）[1]和克里斯托弗·杰默（Christopher Germer）[2]提出的正念自我关怀练习，这个练习的观念是要接纳自己是一个"可怜虫"（compassionate mess），在你真的把事情搞砸了的时候特别有用。这个练习需要我们花点儿时间进行一次简短的自我对话，提醒自己，是的，你犯了一个错误，但是每个妈妈都会在某个时候犯错，此刻你可能会是一团糟，但你不会永远这样。

有一次，我记错了马蒂的用药剂量，不小心给他服用了过量的药物，虽然最后他没什么事，只是很困，但我特别生自己的气，认为自己是世界上最不负责任的母亲。我真希望那个时候我可以跟自己进行一些自我关怀的对话，而不是一整天都在进行精神上的自我鞭挞。如果我当时这么做，我会对自己这样说："我很抱歉，你很生自己的气，你有这种感觉是可以理解的，但你不会一直有这种感觉。你的确搞砸了，但你只是一个睡眠不足的妈妈，你并不完美，其他的妈妈也是如此。如果可以的话，请试着对自己更仁慈、更宽容一些。"

我知道这听起来有点儿虚情假意，但我发现，承认此刻自己一团糟，试着宽恕自己，并认识到你不会永远这样，会产生一种

---

1 美国得克萨斯大学人类发展学副教授，心理学自我关怀领域创始人。内夫博士在国际上开设了自我关怀的课程，她的理论著作也被译成十几种语言在世界传播。
2 在马萨诸塞州阿灵顿市私人执业，专攻以静观和自我关怀为基础的心理治疗。他是哈佛医学院附属剑桥健康联盟的精神病学讲师，也是冥想与心理治疗研究院和静观与关怀中心的创始人之一。

令人难以置信的释怀感,就好比你挥舞白旗投降,而不是用头撞墙。

进行"情绪签到"

到目前为止,我们一直在讨论当"妈咪脑"的情绪威胁到我们时,该如何应对。我们也可以通过每天进行**情绪的正念"签到"**来预防情绪发作,每隔一段时间进行情绪"签到"很有帮助,可以选择在吃饭前或工作日的某个时间,只需要停下来一分钟,想想此时你有什么感受、你在想什么,以及此刻你可以做什么来帮助自己管理情绪。你可以把这个情绪"签到"想象成情绪血压测量。

几年前我就试过这么做。当时,我把工作日的生活分为几个不同的阶段:早上让大家准时出门;工作;接孩子放学;准备晚饭;让孩子洗漱就寝。由于各种原因,每个阶段都充满压力。早上出门往往是一场噩梦,因为我儿子老是不愿意上学,有时不得不把他强行弄上车。我去上班的时间本就已经很紧张,这使得我更难以应付工作上的压力。我和我丈夫继续带着早上出门的压力以及工作上的压力去接孩子放学、准备晚饭和洗漱就寝,这些工作都是在我的孩子不停的闹腾中完成的。当好不容易把孩子都弄上床去睡觉时,我已经筋疲力尽。

后来,我决定在一天中的每个阶段结束时都用一次正念签到评估我的感受,来决定是否需要做些什么来恢复活力。所以我有时会进行正念练习,或玩一会儿游戏。不管我决定做什么,最后都能以更好的精神状态来应对下一个阶段的工作,到晚上就不会那么崩溃了。

在我们结束对情绪的讨论之前,我想花点儿时间讨论一下如何处理我们对孩子的消极情绪。请详细阅读下面方框的内容:

当你有点儿厌烦孩子的时候,怎么办?

有人会说为人父母有时真的会对孩子产生怨气,我一直以为这只是个调侃的说法,直到我的儿子萨姆两岁半的时候,在我伸手去冰箱里给他拿酸奶时,他张嘴在我的屁股上咬了一口。他不是不高兴或生我的气,也不是由于我突然关了他正在看的电视节目或者类似的事情。他只是真的想咬我。

我试图对此一笑置之,但我笑不出来,我被妈妈作家们所说的"妈妈的愤怒"所吞噬。我盘算着为了让这个孩子和他的哥哥健康成长,我付出了多少时间和精力,舍弃了多少爱好。这就是他报答我的方式?

在本章的前半部分,我们比较笼统地谈到了做妈妈早期时的情绪波动。然而,在萨姆的故事里,我的情感体验中有一个特殊的方面值得特别关注:对自己刚刚出生的婴儿或小孩子产生消极情绪是一种非常普遍的现象。

萨姆咬我这种事情虽然荒唐,但绝不罕见,婴儿和小孩子经常做一些让父母愤怒和沮丧的事情。当我们怀念过去的生活，并意识到为了孩子做出的一切牺牲，比如独立、自由、睡眠时，我们可能会对这个小生命产生极大的怨气。

妈妈们一般不敢对自己和他人承认她们对孩子产生了负面情绪，她们担心这意味着她们是不称职的"坏妈妈"。因此，即使真的有这种想法，她们也不希望被别人发现。社交媒体上展示的积极、纯粹、单纯的亲子关系常常会加剧这种担忧。

然而，正如我告诉我的来访者的那样，这种简单纯粹的爱与我们对亲子关系的普遍理解是有出入的。你是否期望与伴侣、父母或兄弟姐妹的关系总是爱意绵绵和心满意足？就如我们下面会讨论的，小孩子会有意无意地做很多事情来激怒我们，你还期望亲子关系是百分之百积极和纯粹的吗？

在本章接下来的部分，我会分享几个概念，比如母子"匹配度""小孩儿是混世魔王""想做不等于真的会做"，我认为这些概念有助于你更好地理解和接受你对孩子的负面情绪。

当母子不匹配时

斯泰西自认为是那种雷厉风行的人。她说话语速快，行动也快，每天一睁开眼，就已经安排好一天的事情了。然而，她三岁的儿子詹姆斯和她的性格完全不同，他行动缓慢，说话吞吞吐吐，可以整天待在家里玩积木和拼图。每次带詹姆斯出门都要费很大劲，他非常抵触外出，好不容易答应外出，又要花几个小时才穿好衣服。在外面，詹姆斯也常常远远落在斯泰西后面，这让她感到非常沮丧。当他们回家的时候，计划的事情只完成了一半，斯泰西常常感觉压力很大，对詹姆斯很生气：为什么他就不能跟上我的计划呢？

斯泰西的故事表现了发展心理学的一个经典概念：父母与孩子的**匹配度**。所谓的**匹配度**指的是，决定孩子是否健康成长的不是孩子自身的脾性，而是他的脾性和成长环境的匹配度。孩子的成长环境的一个重要组成部分就是他的父母，特别是父母自身的脾性。毫无疑问，如果父母和孩子双方的脾性匹配，那养育孩子就轻松多了。

如果你像斯泰西一样，和孩子的脾性不匹配，你和孩子可能会陷入挣扎纠缠。这一点可以理解吧？就像你难以和一个与你性格截然不同的成年人相处一样，养育一个和你脾性不匹配的孩子也困难重重。但是要注意，像斯泰西这种情况，母子双方都没有错。这种冲突不是任何人的错，只是两个人性格不同，他们有各自的处事风格。

如果你和你的孩子合不来，而且这引发了你的怨气和愤怒，试着提醒自己，这些情绪是对你们之间脾性不匹配的反应，是可以理解的。你可以试试用正念自我对话来应对这种情况。你能不能退一步，或者试着进行"成人暂停冷静"，在不评判自己和孩子的情况下，仔细体察和描述你头脑中的想法？如果斯泰西尝试这么做，她可能会得出以下结论：

我讨厌待在家里，喜欢速战速决，不拖泥带水，但是，詹姆斯喜欢慢悠悠地做事，只想待在家里。这是我现在对他感到如此失望和愤怒的原因——我想起身出门，而他坚决拒绝穿上鞋子。我们两个人的做事风格截然不同，在这种情况下，我和詹姆斯的愤怒和失望都是说得通的。

对你和孩子匹配度的正念觉知可以帮助你接受由此产生的负面情绪。一旦你觉察到自己和孩子的风格差异，以及这种差异对你们之间的互动会有何种影响，你就能更好地思考做出哪些调整可以更好地适应孩子。例如，斯泰西知道任何太过大胆的方案都可能让两人感到挫败，因此她决定，在她和詹姆斯在家的时候，每日只设定一个目标。她要求丈夫答应每周六上午照顾詹姆斯，这样她就可以完成自己的日程安排。第6章将对如何设定目标和日程安排展开讨论。

还有一种情况是，随着孩子年龄的增长，父母和孩子的匹配度也会发生变化。你可能也猜到了，当萨姆处于咬屁股阶段时，我们之间互不匹配，我是一个讨厌混乱、喜欢端坐着聊天的人，我更适合带大一点儿的孩子，而不是像萨姆这种学步孩童。有了两个孩子之后，我才真正意识到这一点。我敢肯定你听过不同的妈妈谈论起她们更偏爱孩子的某个成长阶段：有些妈妈喜欢小婴儿，而有些妈妈迫不及待看到孩子能走能说，有些妈妈则觉得蹒跚学步的孩子很好玩，还有一些人，比如我，则只是希望孩子不要总乱扔东西。再强调

051

一下，如果你对某个成长阶段的孩子感到失望或愤怒，自我关怀和正念练习是非常重要的。你可以试着提醒自己，孩子总是在变化，以后的成长阶段可能会跟你更匹配。

承认吧，小孩子有时就是混世魔王

几年前，在妈妈博客上很流行吐槽"小孩儿是混世魔王"。有的育儿作家把目标瞄准了三岁（threenager，"三岁叛逆期"）和四岁（fournados，"四岁魔王期"）的孩子，不管他们给孩子起什么绰号，这些绰号无一不是批判性的。也有育儿作家将目标瞄准这些绰号，指出这些绰号是多么苛刻。

事实是，小孩子甚至是婴儿所做的行为，在成人的社会里可能会被视为是反社会。下面是这类行为的集合：

1. 幼儿把妈妈精心准备的食物直接吐在妈妈的脸上。
2. 只有妈妈抱着才不哭，妈妈整天除了抱他，什么都做不了。
3. 外面25℃，四岁的孩子非要单穿连衣裙不套外套，否则就拒绝去托儿所。
4. 小朋友把婴儿爽身粉的瓶子打开并撒得到处都是。这是我自己的经历，有一次我走进萨姆的房间，发现他全身都是白色粉末。

是的，小孩子甚至婴儿都可能是混世魔王，并且这种混蛋行为真的非常令人不安。我承认，当萨姆把爽身粉撒了一身时，我笑了，但当他咬我的屁股时，我笑不出来。当他的哥哥有一天因为不想去托儿所大闹一场，我不得不强制把他推到门外时，我也笑不出来。我很生气，并对他们的行为耿耿于怀，我无法释怀：我对这两个孩子付出这么多，他们却以这样的方式回报我。

我所理解的，也即我现在告诉来访者的，当你的孩子做这种事情时，你可能会感到沮丧，甚至很生气，这是可以理解的，因为被打、被扔东西或被吼叫都是很糟糕的经历。不过，你也要记住，这个年龄段的孩子不是故意表现得像个混世魔王，他们的行为反映的是他们的认知发展阶段。他们很容易被情绪支配，容易冲动，控制能力差，因此很难跟他们讲道理。他们都很自我，无法换位思考。

我掉入了一个期望我的孩子表现出理性和同理心的陷阱。特别是萨姆，他做了很多叛逆的事情，我非常生气地质问他："萨姆，你为什么要对着别人扔手电筒？你为什么要对人扔手电筒？！"这个提问对成年人或大一点儿的孩子来说是没问题的，但对一个三岁的孩子来说却不合适，他真的不知道自己到底为什么要扔手电筒。对我来说，期望一个以自我为中心的三岁孩子感谢我为他付出的一切也是不合理的。

除了像我们前文讨论的那样进行正念自我对话外，我也

053

会建议你试着对孩子的混蛋行为**付之一笑**。跟亲友讲讲也会有所帮助，他们肯定会觉得很好笑，这样也可以帮助你从中找到一些乐趣。你也可以考虑把孩子的混蛋事件作为一个经典节目，有朝一日在他们参加的家庭聚会上提起。

"承认想做"不等于"会做"

雷娜直到咨询快结束的时候才承认她一直有一些"可耻"的想法。前一天晚上，她两岁的女儿折腾了大半夜，就是不睡觉，或者假装在睡觉，脸上还挂着笑容。在折腾了五个小时后，雷娜一度产生想把女儿扔出窗外的冲动，更糟糕的是，这种想法竟然让雷娜平静了下来。她终于可以从照顾孩子中喘口气，这让她感到些许欣慰。雷娜认为这个想法会把她变成一个坏妈妈，并担心有一天她真的会崩溃，把女儿扔出窗外。

我曾为很多位像雷娜这样的妈妈治疗过，她们偶尔会幻想能够暂时摆脱孩子，但又因此感到羞愧和担忧。我希望妈妈们可以开诚布公地讨论这个问题，因为她们会发现，很多妈妈都会时不时有对孩子动手的念头，这往往是对上面讨论的孩子的混蛋行为的正常反应。我自己也有过这样的想法，在某个深夜幻想着把哭闹不停的马蒂从我们公寓的阳台扔下去。

当然，我是不会把马蒂从阳台扔下去的。你想做一些事情来摆脱孩子并不等同于你就真的会去做，尽管你可能看过类似名为《杀人狂妈妈的致命秘密》(*Murderous Mommy's Deadly Secret*)[1]的电影。偶尔因为沮丧或疲惫而产生想对孩子动手的念头，并不代表你真的会动手。

重要的是，不要去否定这些想法，因为它们其实提供了有用的信息，如果我们幻想摆脱孩子，这可能意味着我们已经达到崩溃的临界点，我们需要设法缓解压力。我建议你从积极的角度来看待你的暴力想法，让它们变成你需要从亲人那里**获取支持或进行自我照顾的信号**，而不是视之为可耻的存在。你可以这样想：你是想用你有限的"妈咪脑"容量来惩罚自己有这种暴力的念头，还是制订一个行动计划来缓解你的压力？在第 6 章中，你可以找到一些进行自我照顾和寻求他人帮助的策略。

最后还需要提醒一下：我在这里说的负面想法都是间歇性和短暂性的，如果这些想法频繁出现并且让你感到焦虑，它们可能是严重问题，比如产后强迫症的征兆。关于这个问题的更详细内容，以及如何寻求帮助，请参见第 5 章。

---

[1] 这是作者虚拟的一部电影的名字。

第3章

"当了妈妈后,我是谁?"

重新定义我们的身份和工作

所有女性都知道，成为妈妈将彻底改变我们的生活。有了孩子之后，就没有那么容易专注于工作、和朋友相聚以及追求爱好。但我认为，大多数女性没有意识到，成为母亲会从根本上改变我们对自我的认知。

下面是一些例子：

- "美国防止虐待动物协会（ASPCA）[1]广告上哭泣的女士是谁？"我们在第2章讨论过，成为母亲会让我们体验到不同情绪，其中许多情绪对我们来说是陌生的，当体验到不熟悉的情绪反应时，我们常常感到惊讶。我以前不怎么喜欢动物，但是有了儿子之后，我在看莎拉·麦克拉克兰（Sarah McLachlan）的ASPCA广告时竟然看哭了，不知为何，我会

---

[1] 全称是American Society for the Prevention of Cruelty to Animals，美国非营利性动物福利组织，其宗旨是为制止虐待动物行为提供有效的方式，致力于制止虐待动物行为的发生。

觉得广告里的那只小狗看起来很像萨姆。我顿时就联想到萨姆被抛弃在寒风中，饥寒交迫，耳朵还被咬掉一半的情景。我泪流满面地想，自己怎么会变成看到动物救援广告就哭的人了呢？

- **"为什么我不能正常思考？"** 我们在第1章谈到"妈咪脑"时说过，在成为妈妈后我们并不是真的失去了认知能力，而是突然间有太多的事情占据了我们的认知注意。面对这种超认知负荷的状况，我们可能无法专心于某一件事情，头脑也不如以前敏捷。我的一位来访者杰达以前认为自己是一个聪明、有见识的人，但是自从做了妈妈，她就跟不上新闻和流行文化了，甚至把一名知名的政治候选人和一名电视演员弄混，当朋友指出她的错误时，她感到震惊和羞愧。

- **"我的身体怎么了？"** 在生完孩子后，你可能认不出镜子中的自己，你曾经熟悉的身体，现在的感觉和运转都不同往日。你很难像以前一样，有足够的时间来做一些有助于保持体型或外表的事情，比如锻炼、健康饮食，甚至洗澡，你一天中的大部分时间都围着孩子转，你的身体已经不是你自己的。所有这些因素都会影响你对外表的满意度，也会影响你与伴侣对性爱的欲望。

- **"那个运动员／歌手／派对女孩／伴侣／家里的左膀右臂去哪儿了？"** 我们很多人一旦成为妈妈就会告别曾经熟悉的身份角色，这很好理解，新手妈妈根本没有时间和情感资源可以去运动、聚会或帮助他人。但我们的内心还是那个运动员／歌

手 / 社交达人 / 完美的伴侣 / 家里的左膀右臂吗？如果不是的话，除了妈妈这个身份外，我们是谁？

- **"为什么没有人了解真正的我？为什么他们似乎不关心真正的我？"** 劳拉是一名兽医，通常大家都会很好奇她的工作，但当她开始带孩子，大家对她的工作失去了兴趣，反而更关注她的孩子。她不好意思承认，她有时会故意穿工服送孩子去托儿所，就是希望有人会问起她的职业，但没人这么做，似乎没有人关心她在照顾儿子以外的生活是什么样的。

- **"我的金星贴纸呢？"** 在我成为母亲之前，作为心理学专家、员工和朋友，我习惯了因为自己的努力工作而赢得赞扬和感谢。但有了马蒂之后，很少有人表扬我的育儿工作，实际上，情况恰恰相反：在婴儿或蹒跚学步的时期，我的儿子似乎只有在我做了他们不喜欢的事情时才会给我反馈。萨姆曾经扬言说，他要"把我扔进垃圾箱"，因为我坚持不让他早餐吃奶酪棒，而要让他吃我为他熬煮的燕麦片。面对所有的负面反馈，我不禁觉得自己再也不是那个能干、高效的人了。

- **"我该如何对待工作？"** 在没有生孩子之前，妈妈们在工作上投入大部分的时间和精力。孩子出生后，为了适应把大部分的时间和精力转向照顾这个小生命的现状，妈妈们不得不对自己的工作做出一些调整。如果可以选择的话，很多妈妈都会纠结要不要继续工作，而爸爸们不用纠结这些决定，这会让妈妈们感到沮丧。时至今日，也没有人会认为一旦有了孩子，爸爸的职业生涯会需要做出任何改变。

显然，我们的母亲身份在很多方面都会受到挑战。我们被迫适应新手妈妈的情绪、大脑和身体，为了适应新的生活，我们不得不对工作和曾经的兴趣爱好做出调整。我真希望有人尽早提醒我，成为母亲会带来深刻的身份转变和认同感的缺失，如果早知道是这样，我可能就不会花很多时间困惑为什么自己变了，而是用这些时间去适应我的新身份。

现在，当我和妈妈们谈论母亲身份时，我经常提到 DBT 的核心原则之一，也是宁静祷文（serenity prayer）治疗版[1]里提到的：接纳我们无法改变的事情，努力改变我们可以改变的事情，这两者都非常重要。在本章中，我们将讨论接纳和改变会如何有效帮助你重塑新手妈妈身份。在本章的最后，我们将重点讨论工作与生活的身份认同问题。

接纳新身份：因为我是一位母亲了

接纳自己的某些方面发生了根本的改变是极其困难的，幸运的是，事实证明有些身份转变会产生意想不到的积极后果，即使有些身份转变一点儿也不积极，但你总能找到应对这种转变的方法。其中大部分可以通过基于价值观的目标设定来实现，我们将

---

[1] 作者在这里指的是美国神学家与牧师尼布尔（Reinhold Neibuhr）的宁静祷文，原文为："请赐我平静的心去接受一切我所不能改变的事情，赐我勇气去改变我可以做到的事情，并赐予我智慧去辨别两者的不同。"这与辩证行为疗法的核心原则是同样的意思。

在本章第二部分进行详细的讨论。

是的，你现在就是那个看动物救援广告都会落泪的人

如果你已经读了第 2 章，你一定知道接下来我要说什么。你要接纳母亲这个身份所带来的新的情绪体验，即使它们与你成为妈妈之前的自我形象不符。我们在第 2 章讲到情绪困扰问题时提到过：你可以花时间弄清楚为什么你会有某种情绪，并且尝试让这种陌生的情绪消失，你也可以通过正念练习觉察这种情绪，带着好奇而非评判的心态接近它，找到它与你的新身份的契合点。

对我来说，这涉及有意识地改变我的思维模式，从"我为什么要对着 ASPCA 的广告哭？"转变成"嗯，我想我现在就是那种看到 ASPCA 广告会哭的人"。这意味着，与有孩子之前的我相比，现在的我更愿意保护无助的受害者，无论是动物还是人。我对不公的感知更加敏感，我会花很长时间和朋友议论当下的社会问题，这些都是我在没有孩子时不会做的。老实说，现在我发现敏感也成了我的重要组成部分。

做好短暂失去优势的准备

在第 1 章中，我们谈到，一旦做了母亲，我们的大脑在很多方面都会发生变化，每时每刻都有无数个想法和担忧想分去我们

的注意力。孩子在我们的"妈咪脑"里占据很大的空间，经常挤占其他的事情，对于那些以前认为自己做事有条理、注意力很集中的妈妈来说，这可能是一个特别痛苦的变化。

我就面临过这种情况。当我生完萨姆，休完产假重返工作岗位时，我接待了很多新的来访者。以前，我总是为自己能够记住每一位来访者的细节而自豪，但在重返工作岗位的最初几个月里，我惊恐地发现我混淆了部分来访者的故事细节。有位来访者提起自己有一个女儿，我才发现我把她和另一位有两个儿子的来访者弄混了，我不明白自己曾经敏捷的头脑现在怎么了。

遗憾的是，我们需要承认一个事实：当我们的孩子还小的时候，也许我们的认知能力确实是不如以前那么敏锐的，或者我们的注意力不会像以前那么集中。正如我们在第 1 章讨论的，与其说这是认知缺陷导致的，不如说是认知过载导致的。此外，睡眠不足也会导致神志不清，不过我可以保证，随着孩子的年龄增长，你就可以慢慢开始睡好觉，这些专注力和注意力问题肯定会随着时间的推移得到改善。下面方框中提供了一些可以帮到你的小妙招：

专注力和注意力改善小妙招

1. **使用记忆辅助工具**。我的一位妈妈来访者总是找不到手机。我们讨论出一个方案，即她可以在厨房操作台上弄一个"家庭大本营"，每当她用完手机或者其他东西，就可以把它们放在这个地方。还有一位妈妈，她经常在送孩子上学时丢三落四，她特地做了一份早晨检查表，列出三个孩子出门上学前所需要的每一件物品。我也使用记忆辅助工具来管理来访者信息：我给所有的新来访者做了一个清单，包含我需要记住的每个人的重要信息，在开始咨询工作前先浏览这份清单，确保我了解将要进行咨询的来访者的情况。如果你也发现自己记忆力变差，可以使用记忆辅助工具来帮助自己。

2. **把手机放下**！不用多说，手机会让我们分心。如果你觉得自己精神疲惫，可以考虑关掉手机或者把它放在房间外，甚至只是关闭手机的通知提醒也可以。即使是短时间的手机静音，也能让你的大脑安静下来。我们将在第 7 章讨论如何管理你的手机使用时间。

3. **设定计时**。这是我们在第 7 章会详细阐述的一个策略，但我认为值得在这里提一下。我让安娜使用这个策略。她无法在工作中集中注意力，因为她总想浏览丈夫上传到他们家庭博客上的双胞胎孩子的照片。安娜和我决定，她每小时查看一次博客，并设置 5 分钟的计时器。一旦计时器响了，她就必须关闭博客，接着工作。

4. **进行正念练习**。如果你无法专注于手头上的事情，无论是工作上的还是家里的事，你都可以考虑进行一次"成人暂停冷静"，并进行正念专注练习，正念呼吸或渐进式肌肉放松疗法都是不错的选择。在完成这样的练习后，你的头

> 脑会更专注、更集中，这将有助于你全身心投入当下需要完成的事情之中。

承认你的身体所发生的所有变化

这是一个比较复杂的问题。生完孩子后，你的外表以及你对自己吸引力的自信都会不如以前，这种不自信还与你对产后皮肤变化感到不舒服以及由此受影响的亲密关系有关，接受这种变化是很难的。幸运的是，有一些有效的策略可以帮助你进行身材管理和自我照顾，我们将在第6章进行详细讨论，我们还将在第9章深入讨论对性的感受。同时，当你完成本书附录的"价值观备忘录"时，你也可以开始设定基于价值观的自我照顾目标。

妈妈：一生的角色

妈妈们经常感慨，"妈妈"这个角色很快取代了她们之前的很多身份。诚然，当了妈妈后，你就没有那么多的时间和精力去做派对女孩、家里的左膀右臂或精英运动员，但你可以学着扮演这些角色的改良版，这样可以更好地适应你当前的处境。比如，你可以重新定义"聚会"，在家附近的酒吧组织聚会，六点钟开始，九点钟结束；你可以教你的父母怎样给你打视频电话求助，当他们的电脑出问题了，急需你的帮助时；你可以只跑五公里而不是跑完马拉松全程。发挥你的**创造力**，你会找到新方法来扮演以前的角色的。下文有关设定基于价值观的目标将可以帮助你做到这一点，我们在第 6 章中讨论的自我照顾，以及在第 9~11 章中讨论的如何处理与伴侣、其他家人和朋友的关系内容也会帮助你做到这一点。

你的日常交流"三句话不离孩子"

还记得劳拉吗？她想知道为什么大家只关注她有孩子这件事，而不关心她是一名兽医或她的其他方面。我真希望我能告诉你这种情况不会持续很久，但事实并非如此，至少短时间内不会有什么变化。作为一个六岁和九岁孩子的妈妈，在学校或游乐场跟其他家长一起聊天时，我聊天的大部分话题还是我的孩子。如果有人知道我是一名心理学专家，专门帮助妈妈解决压力问题，她们通常会说："天啊，我真需要你的帮助！"但往往就没有后续了。

不管怎样，年幼孩子的妈妈们都倾向于聊关于孩子的话题，这种现象被称为"三句话不离孩子式对话"（momversation），这是因为不管我们和其他妈妈多么不同，有孩子是我们的共同点，并且聊孩子也是社交场合被广泛接受的话题。我不确定在孩子放学时遇到的那位妈妈是否对心理学有兴趣，但我敢保证，她会想和我聊一聊最近席卷我们孩子所在学校的肠胃病毒。此外，妈妈们总是处于认知超载状态，她们的大脑可能没有足够的容量来想孩子以外的事情。

所以，你需要接受这样一个事实：很多妈妈只会跟你聊孩子，而不会过多询问你的工作或其他事情。但你可以这样做：有意与那些对孩子以外的话题感兴趣的人建立友谊，这些人可能是工作上或大学里的朋友，或者是有孩子但想更深入交谈的妈妈。在几年前的一个生日聚会上，我看到一位穿着汉密尔顿 T 恤[1]的妈妈，于是我疾步上前，很兴奋地跟她聊了 10 分钟与孩子无关的话题。

在第 11 章中，我将分享一些具体的技巧，帮助你有效地找到志同道合的妈妈。与此同时，在你完成"价值观备忘录"的"友谊"部分时，你也可以开始思考自己想和什么样的人成为朋友。

如果你想要一个金星贴纸，请自己买

我曾经有一位来访者说，她在工作中会定期得到绩效评估，并希望也能在育儿过程中得到这样的定期绩效评估报告，我举双手赞成这个想法。不过，谁给我们提供这种评估呢？你那不会说话的宝宝？还是你那不讲道理的年幼的孩子？有人能定期表扬我们做母亲的努力并给我们提供建设性的意见，这种想法真的非常吸引人。

然而，在没有这种评估的情况下，还是有一些方法可以让你

---

1 作者是林-曼努尔·米兰达（Lin-Manuel Miranda）创作的音乐剧《汉密尔顿》(*Hamilton*) 的粉丝，参见第6章。

得到认可。首先，试试抱着"实践出真知"[1]的心态，你的孩子可能不会直接告诉你做得很好，但是你可以通过观察他们的行为间接感知到你努力工作的成效。这在语言水平发展较好且善于社交的大孩子身上更容易看到：你可以看到你教给他们的东西是怎样在他们与其他孩子相处、应对压力和做出决策时发挥作用的。有时你也可以从婴儿或幼儿身上看到你的努力成果，比如你对婴儿进行的睡眠训练奏效了，或者你看到学步的孩子学会了分享玩具。

此外，你也可以从伴侣和志同道合的妈妈朋友那里获得认可，我们在第 9 章讨论夫妻问题和第 11 章讨论友谊问题时还会深入探讨该怎么做到这一点。

塑造新身份：我想成为怎样的妈妈

显而易见，我们必须接受母亲身份给我们带来的这些转变，但正如我们讨论过的，除了被动接受环境的转变，我们自己也可以有意识地做出一些改变，这样至少还能保留一些过去的身份认同。这些改变大部分可以通过追求基于价值观的目标来实现。

基于价值观的行为是 ACT 的一个突出特点。ACT 的创始人

---

[1] 原文是 proof is in the pudding，原意是"布丁好不好吃，吃了才知道"，指只有通过体验才能判断食物的好坏。类似中国人说的"实践出真知"。

史蒂文·海斯（Steven Hayes）[1]博士将价值观描述为"选择人生的方向"，并指出价值观可以指导我们在生活的不同领域做出选择，比如亲密关系、工作和友谊。我认为价值观探索对新手妈妈非常有帮助，我们上面讨论的所有因素使得新手妈妈无法再像有孩子之前那样生活，你需要专注于对你来说真正重要的事情，为那些真正有意义的人和事腾出时间。以你的价值观为指南，你就可以做出明智的选择，决定你要怎么过好每一天，思考如何育儿。

真正重要的东西要记牢

按照价值观生活的第一步是明确你的价值观。要做到这一点，你必须考虑到生活的不同关键领域，例如伴侣关系、育儿、工作和自我照顾，思考你在这些领域想要过什么样的生活。以育儿为例，假设你认为养育子女是你的一个重要价值观领域，你想成为什么样的母亲？你希望你的孩子如何看待你？你在育儿中更看重循规蹈矩还是率性天真？纪律还是随意？明确你的育儿价值观，然后依据这些价值观来做决定，你就能成为你想成为的母亲。

为了帮助你全面思考自己的价值观，我在书的附录部分制作

---

[1] 心理学博士，美国内华达大学心理学系教授、博士生导师，内华达基金会奖教授，接纳承诺疗法的联合创始人，关系框架理论（Relational Frame Theory, RFT）的联合创始人，语境行为科学（Contextual Behavioral Science, CBS）奠基人。

了一个全面的"价值观备忘录"。这个备忘录包含了 12 个价值观领域：伴侣关系、育儿、大家庭、友谊、工作/职业、健康/自我照顾、教育/学习、娱乐/休闲/爱好、精神信仰、社区参与/行动主义（activism）[1]、节日/特别活动、家庭假期。

在每个领域中，我都罗列了一系列可能的价值观，你可以花点儿时间确定自己是否持有所列价值观，也可以添加你认为重要的其他价值观。接着，我展示了一些基于各种价值观的陈述，这些陈述反映了你是否希望按照这些价值观来生活。你可以在符合你的陈述旁边打钩，也可以添加其他的价值观陈述。

为了帮助你完成自己的"价值观备忘录"，我附上了乔伊完成的"价值观备忘录"摘录供你参考。她是一位全职妈妈，孩子一个两岁、一个五岁。乔伊的价值观及相关的陈述示例参见下面的方框，我选择了乔伊认为最重要的三个价值观领域：伴侣关系、育儿以及娱乐/休闲/爱好。

乔伊的"价值观备忘录"摘录

1. 领域：伴侣关系
- 价值观：沟通、联结、幽默、亲密、支持
- 价值观陈述：我比较看重与伴侣开诚布公地交流，分享

---

[1] 主要形容一个圈子或一个社会中那些比较活跃的人，他们经常在一个组织中带头做一些活动或发表一些自己的见解。

我的感受和看法，倾听伴侣的感受和看法；我比较看重花时间和伴侣一起改善我们的关系；我比较看重和伴侣一起过没有孩子的二人世界的机会。

2. 领域：育儿
- 价值观：冒险、真实、关怀、有趣、行为榜样
- 价值观陈述：我比较看重我的孩子有独特的体验；我比较看重和我的孩子一起参加有趣的活动；我比较看重将自己的价值观传递给我的孩子；我比较看重成为孩子的情感支柱，在他们有需要的时候，我可以伸出援手。

3. 领域：娱乐/休闲/爱好（乔伊的爱好是做手工）
- 价值观：成就、挑战、社区、创造力、乐趣、仪式感
- 价值观陈述：我比较看重有时间培养我的爱好；我比较看重我的爱好给我带来的压力释放和追求爱好过程中的内心放松；我比较看重不断设定和实现我的目标。

当你完成自己的"价值观备忘录"时，有几点需要注意。首先，不是所有 12 个价值观领域你都要完成，如果继续教育对你来说不重要，你就不用勾选"教育/学习"领域的任何价值观及其陈述。其次，在对你来说很重要的领域中，你会发现只有部分的价值观及其陈述反映了你的想法，你只需要在这些符合你的价值观和陈述旁边打钩即可。

你还可能发现，在某一特定领域中，尤其是关系领域，你会认同大部分的价值观。如果是这样，我建议你按照优先等级保留前三到四个价值观及其陈述即可，这样会方便你完成基于价值观的目标设定。

最后想一想，自从有了孩子，你的价值观发生了哪些变化，这对你来说也很有用。有些妈妈发现她们的价值观彻底改变了；有些妈妈则仍旧持有相同的价值观，但对于如何在日常生活中贯彻这些价值观的想法发生了改变；还有一些妈妈重新调整了她们所重视的东西排序，比如家庭变得比休闲活动更重要。留意你的价值观发生了哪些变化，并把这些变化也记录在你的备忘录里。

你可以并且应该把"价值观备忘录"作为阅读本书其他章节时的参考。当我们讨论某个具体的问题时，比如做妈妈的焦虑和关系变化，我会不断地让你回看备忘录。请注意，你不用一次性完成整套备忘录，你可以在阅读相应章节的时候再完成对应的备忘录，比如在读第9章之前，可以把关于伴侣这部分的备忘录先放在一边。

利用价值观设定目标

现在你已经明确自己的价值观，试着为自己设定一些**可行的、短期的、基于价值观的**目标。首先，看看你的"价值观备忘录"，选择两到三个价值观。在选择价值观时，你需要考虑两点。第一是**可行性**：结合你目前的情况还有孩子的年龄，哪些目标是你现在可以实现的？例如，我喜欢音乐剧，非常重视参与演出，但是我的社区剧团每周工作日晚上都要排练好几个小时，这刚好是我完成工作要陪孩子和丈夫的时间，因此，我决定在我的孩子长大一些，我有更多灵活的时间之后，再考虑实现我的音乐剧价值观。

第二是你应该选择对你的**自我定义**有特别意义的价值观。比如，葆拉一直认为自己是家里的左膀右臂，她为自己与父母的亲密关系感到自豪。她还拥有一种不可思议的能力：只是通过简单开关电脑电源就能帮父母解决经常出现的电脑问题。于是她期望在价值观里保留这部分身份认同，把大家庭的价值观放在首位，并在家庭关系领域设定了几个基于价值观的目标，包括定期和父母视频聊天、每个月定期带孩子去看望父母。

一旦你确定了要关注的价值观领域，就在这个领域内写下一个生活目标，这个目标要尽可能小而具体，而且是短期内容易实现的。由于妈妈们通常无法思考太多东西，所以从短期的小目标开始更可行，一旦你实现了这些小目标，你就可以设立更大的目标。找我咨询的妈妈们发现，随着孩子逐渐长大，生活会变得越来越规律，更大的目标也会变得更易于实现。

设定目标时，思考一下有孩子之前你是怎样践行这些重要价值观的，会对你很有帮助。例如，如果你一直重视行动主义，在你生孩子之前，你参加了哪些社会正义组织？在有了孩子之后，即使条件有限，你还有没有可能重新参与这些组织的活动？你是否有在社区工作的朋友，他们能不能帮助你重新参与社区工作？

以下是乔伊选择关注的三个价值观领域，以及每个领域对应的小目标。

> **1. 领域：伴侣关系**
> - 价值观：沟通、联结、幽默、亲密、支持
> - 目标：把周日晚上孩子上床睡觉后的时间留出来，定为夫妻"居家约会之夜"。两个人都要把手机收起来。一起决定每周的约会时间要做什么。
>
> **2. 领域：育儿**
> - 价值观：冒险、真实、关怀、有趣、行为榜样
> - 目标：每个月计划一次冒险活动，包括带孩子去不同的地方，给孩子树立热情和热爱探索的榜样。
>
> **3. 领域：娱乐/休闲/爱好（乔伊的爱好是做手工）**
> - 价值观：成就、挑战、社区、创造力、有趣、仪式感
> - 目标：去手工超市迈克尔斯（Michaels）[1]买一些新的手工材料。在孩子睡着后，边看电视边做手工。

如你所见，乔伊的目标是非常具体明确的。如果她设定的目标是模糊的，比如"与丈夫有更多独处时间"或"多做一些手工"，那么她实现这些目标的可能性就微乎其微。确保你设定的

---

[1] 北美地区最大的手工艺零售商。

目标是明确的,这样你就知道该怎么努力去实现它们。

乔伊的目标是微小且可实现的。以育儿目标为例,乔伊意识到,她不可能每天都带孩子去冒险,因为她没有这么多的时间和金钱。但是,她可以计划每月短途旅行一次,这样她就有几周的时间来决定要去哪里、怎么带家人去那里。

花点儿时间给自己设定几个基于价值观的小目标,一旦确定了目标,你就可以着手考虑怎么把它们**融入你的日常生活**。需要注意的是,我们将会在全书各个章节中讨论目标设定,这是你第一次学习如何设定目标,当我们讨论自我照顾和关系主题的时候,你还可以继续打磨和完善你的目标。

发挥你的创意,并做好妥协准备

设定基于价值观的目标可能需要你有一定的**创造性**。让我们以乔伊的"居家约会夜"目标为例,她告诉我,与丈夫单独外出的价值观与她持有的其他价值观相冲突,具体来说,她希望能够省钱,而且晚上离开孩子也会让她感到不安。我和乔伊讨论之后,想出了让她和丈夫晚上在家约会这个主意,并在约会时践行放下手机的约定,一起做他们都很喜欢的活动,比如一起看经典电影,一起用心烹制美食,这样乔伊就能调和几个看似矛盾的价值观。

我的许多妈妈来访者都像乔伊一样,不得不在调整自己的目标时做出创新。有一位妈妈喜欢化妆,有了孩子后,她既没有时间也没有钱定期去化妆柜台找导购员化妆,于是她决定每周找一天，在儿子午睡后观看网络上的美妆教程，跟着视频学习化妆。还有一位妈妈很重视让孩子参加活动，但她发现接送孩子去参加这些活动让她很有压力，这与她优先考虑自我照顾的价值观相冲突，而且花销太大，与她节俭的价值观不符，最后她决定每个季度给每个孩子选择一项活动。发挥你的创意，你一定能找到方法来实现所有基于价值观的目标。

日程表和日常生活安排：不仅仅是为孩子准备的！

你应该听过这种说法：对孩子来说无规矩不成方圆。对父母来说也是如此！在我看来，没有什么比和孩子过着完全没有计划的日子更可怕的事了。提前制订一个日程表，即使只是包括一些很随意的任务，比如出去散个步或去商场退东西，也会减少你带孩子时的焦虑和无聊。

减少焦虑和无聊只是制订日程表的众多潜在好处之一，制订日程表还有助于实现你的价值观目标，因为如果你提前制订一个日程表，你就可以把与你价值观一致的活动纳入其中。

如何安排你的日程表由你自己说了算。你可以前一天晚上制订第二天要执行的日程表，也可以在周日晚上制订下周的时间表；可以写在纸上，也可以放在手机的日历里；可以按小时来安排，也可以按照上午、下午和晚上这种时间段来安排。说实话，你在每天的日程表上安排什么不重要，重要的是你正朝着一个价值驱动的目标前行。

你也可以利用日程表把一些更艰巨的目标拆解成小目标。比如，你很重视秩序和条理性，每当看到储藏室里一大箱一大箱的婴儿衣服和玩具，你都会退缩，你知道自己需要整理这些箱子，但又没有时间。为什么不安排每周做一点儿整理呢？把大的任务细分成小的，每周安排时间来整理一点儿。这样，原本难以完成的任务被细分成可完成的小任务，也就让人感觉没有那么大的压力了。

下面是乔伊和有一个两岁孩子的职场妈妈凯拉的日程表。

乔伊的日程表
孩子午睡前：带孩子去公园 孩子午睡时：洗衣服、做点儿编织物 孩子午睡后：去超市 18～20点：晚餐、洗漱、上床睡觉

凯拉的日程表
7:30：送萨迪上学 8～9点：坐火车上班＋读书、跟着应用程序练习正念 9～12点：工作 12～13点：午休时间，散步（有没有同事都可以） 13～17点：工作 17～18点：坐车回家＋读书、跟着应用程序练习正念 18点：接萨迪放学 18～20点：晚餐、洗漱、上床睡觉

我们先看乔伊的日程表。如你所见，这个日程表里没有什么雄心壮志，她不想整理衣橱，也不想教孩子说意大利语。相反，她的目标是做一项基于价值观的活动——编织一些东西，她还计划花点儿时间带孩子去公园，到超市买东西。她选择在孩子午睡前完成一项活动，孩子午睡时再完成第二个，孩子午睡起来后完成第三个。这是一个合理的日程表，她能坚持完成，这也会让她很有成就感。

翻开凯拉周一的日程表，你可以看到朝九晚五的工作使她没有太多的空档时间。她决定专注于自我照顾的价值观，包括阅读、锻炼和练习正念，这些事情都有助于她应付长时间工作和通勤带来的压力。她曾想过早起锻炼，事实证明这对她是惩罚，她也想过在哄完女儿萨迪睡觉后读点儿书，最后却趴在书上睡着了。因此，她决定在上班通勤的火车上安排读书或练习正念，并尝试在午休时间散步，虽然这样会错过午休时间和同事唠嗑的机会，也会错过在火车上看风景的机会，但她很高兴自己终于能够在工作日中挤出一点时间进行自我照顾。

如果凯拉或乔伊不能坚持她们的日程表，怎么办？哪怕只是去超市买东西或午休散步都难以完成，怎么办？要记住，没有完成原定计划并不意味着失败。我们都知道有了孩子以后，生活是不可预测的。尽管已经尽了最大的努力做准备，但我们还是有可能无法完成每天的目标，一个孩子尿裤子都有可能导致你的日常工作安排被取消。所以，如果你花了一整天的时间清理孩子的便便、看视频，又或者你强撑着上了一天班，哄完孩子后自己倒头就睡，这都没关系，对自己宽容点儿。第二天你还是有机会继续完成价值观驱动的目标的。

最后，请注意，你现在给自己设定的价值观驱动的目标，可能与六个月后设定的目标大不相同，也会与一年、两年或五年后的目标不同。你应该**定期重新审视你的"价值观备忘录"**，留意你的价值观和优先事项是否发生了变化、发生了什么变化，并根据这些变化设定新的目标。

平衡工作与生活

如果你不工作或认为工作不是需要优先考虑的事情，可以直接跳过这一节。如果你和很多妈妈一样，无法处理工作与生活的身份认同问题，请继续阅读。

这些年来我听过各种各样无法平衡工作与生活的故事，我曾给那些选择放弃工作后来又后悔的妈妈、那些因为需要钱而被迫选择工作但其实更想留在家里的妈妈，以及那些以为兼职可行却发现不管是在工作还是在家里都要随叫随到的妈妈做过咨询。这些妈妈大多数都有负罪感，认为她们没有平衡好工作和家庭生活，与此同时，她们读过的无数博客帖子、广告和文章都声称工作和家庭可以兼顾，并声称主内或主外都可以在某种程度上解决她们无法平衡工作与生活的忧虑。

对于我们这些职场妈妈来说，有很多事情是很不公平的。我们大多数人没有带薪产假，大家都期望我们给予工作和家庭生活同等的关注，但我们没有足够的时间，即使是最有条理、最自信的妈妈也没有足够的精力储备来实现这一目标。尽管政府没有提供任何的资源来帮助我们，我们还是被告知平衡工作与生活是有可能的。当然，没有人认为爸爸们需要考虑平衡工作与生活，人们认为爸爸们可以继续追求他们的事业，而妈妈们则既要工作，又要承担养育孩子的责任。

我希望将来的某个时刻，政府会为职场妈妈争取更多的权益。我希望当我的儿子成为父亲的时候，育儿假能全面实行，爸爸们应该和妈妈们一样去兼顾家庭和工作，而妈妈需要仔细考虑你愿意为育儿牺牲什么，并确保你的伴侣也这么做（更多关于协同育儿的内容请参见第9章）。但遗憾的是，我们还没有走到那一步。

对于美国妈妈来说，平衡工作与生活是个极其复杂的问题，我并没有在试图简化这个复杂的问题。相反，我想分享一些CBT和ACT技术，这些技术能帮助你思考你的工作和家庭生活之间的关系，并做出理性决定。确保带上你的"价值观备忘录"，它可以帮助你设定事情的优先级。

发挥你的想象力

我们经常使用CBT中的意象来帮助人们应对可怕的情境，意象练习是一种让我们暴露在引发焦虑的想法中的手段，也是一种正念或放松形式。当我的妈妈来访者出现很强烈的职业焦虑，但又不知道该怎么做的时候,我一般会建议她们进行意象练习,闭上眼睛,想象自己是一个职业女性。她们在哪?在做什么?和谁在一起?我鼓励妈妈们放下戒备,跟着自己的内心走。下面的方框里是一个意象练习指导语。

工作-生活意象练习

想象现在你在家里,正准备开始一天的工作,你会穿什么衣服?你会穿正装、牛仔裤,还是运动服?你会佩戴什么饰品?花点儿时间想象你从头到脚的穿着。

你要怎么去上班?自己开车、步行、坐地铁,还是居家办公?

现在你上班了,你在哪里?在家里,在户外,还是在一栋大的写字楼里,需要搭电梯才能到达你的公司所在的楼层?又或是只在一个小的办公楼、一所学校、某个工作室、商店?花点儿时间看看你周围的环境。

你在做什么?可以不是什么具体的工作,你可能只看到自己坐在小隔间的电脑前,或在自己家里办公,或坐在会议室开会,或在户外工作,又或是在销售区走动。

你和谁一起共事?你是一个人、跟另外一两个人,还是和一群同事?周围都是人吗?

在想象出工作环境的大致模样后,花点儿时间想象你就处在这样的环境里。

尽管照顾孩子是妈妈们每日的重点，但是我有意让妈妈在进行这个练习的时候不去考虑孩子，完全自由地畅想片刻，而不被孩子和育儿问题限制想象力。

我知道，这样的情境想象练习听起来有点儿嬉皮士的意味，然而，进行意象练习可以提供一个难得的机会，让你不受担忧或现实顾虑的困扰，随心所欲地进行思想漫游。有些妈妈会对自己在意象练习中所做的事情惊讶不已。有一位妈妈在练习后告诉我，她简直无法想象自己工作的样子，这也证明了她选择成为全职妈妈是正确的。如果你发现很难进行职业规划，也可以先从意象练习开始，它可以激发你关于如何进行职业规划的思考。

依据价值观划分优先等级

接下来，看看你的"价值观备忘录"里的"工作/职业"这个部分。你勾选了哪些价值观陈述？将你勾选的所有价值观陈述按照它们的重要性进行排序，前三或四个陈述就是你认为最重要的工作价值观，可以被用来指导你的职业规划。

下面我提供一些例子，在这些例子中妈妈们会根据自己的"价值观备忘录"来进行工作与生活的决策。我节选了她们排名最靠前的工作价值观陈述，并解释了她们是如何根据这些价值观做出决策的。正如你所看到的，她们每个人优先考虑的事项都非常不同，这让她们在职业发展上走出了不同的轨迹。

鲁比不想沿着原来的职业晋升道路发展，也不想重返生孩子之前的职业,她只是想做一些和孩子无关的工作,每天可以走出家门几小时。她还希望自己的工作时间有一定的灵活性,不想工作的时候就可以不用工作。最终她决定到朋友在城里开的瑜伽馆兼职前台,这样她就有机会和其他成年人交流,甚至免费上课,这还实现了她的自我照顾价值观中规律锻炼的目标。

鲁比会感慨自己赚不到多少钱,实际上,她的全部工资收入都用在支付保姆费用上了,她也承认这份工作不一定能对改变这个世界产生多大的作用,但她最终决定,为了实现前面的两个价值观,她不得不牺牲最后那个价值观。

鲁比:我渴望和成年人交流

鲁比排名靠前的价值观陈述:

1. 我想走出家门,和其他成年人交流。
2. 我想要一份灵活的工作/职业。
3. 我想通过工作来帮助别人/产生影响。

在生儿子之前,苏拉娅已经成为律师事务所的合伙人,对她来说,维持优渥的生活条件和成为有声望的合伙人非常重要。她知道这样是无法同时照顾好儿子的,但为了职业发展,这些牺牲是值得的,因此,她找了一个非常可靠的保姆来照顾儿子,并继续她的合伙人之路。她时不时会感到内疚,这也是她来咨询的原因。我们经常讨论关于她应该如何弥补错过儿子成长的重要时刻的问题,这些措施中包括让保姆给孩子拍很多视频。但苏拉娅也不得不接受:她对工作的投入就意味着她会错过家庭的一些事情。

> **苏拉娅:我要成为合伙人**
>
> 苏拉娅排名靠前的价值观陈述:
> 1. 我要在自己的领域里出人头地。
> 2. 我要赚尽可能多的钱。
> 3. 我想做一些具有挑战性的工作。

伊娃需要一份稳定的收入,所以除了找一份全职工作外她别无选择。尽管如此,她还是渴望找一份比较灵活的工作,这样,如果她的孩子病了或学校有什么活动,她就能赶过去。为了满足赚尽可能多的钱和工作灵活性的双重需求,她在一家可以偶尔提前下班或居家办公的公司做办公室工作。遗憾的是,她发现自己的工作很无聊,不得不整天待在小隔间里盯着电脑,没有什么创造性,但为了实现她的前两个价值观,她不得不牺牲想要做一些需要创造力的工作的价值观。

> ### 伊娃:"我想赚钱"
>
> 伊娃排名靠前的价值观陈述:
>
> 1. 我想赚尽可能多的钱。
> 2. 我想要有一份灵活的工作/职业。
> 3. 我想做一些需要创造力的工作。

虽然这三位妈妈的职业道路截然不同,但她们都在被迫做出选择,并接受这些选择带来的牺牲。她们中没有一个人达到完美的平衡,也没有人对自己的处境百分之百满意,但她们每个人都根据自己的需求和条件提出了最优的解决方案。

和这些妈妈一样,你可能无法真正平衡工作与生活。在某些时刻,事实上也许是很多时候,你可能会对自己所做的牺牲感到内疚,比如,为了回家参加孩子的假日合唱活动[1]而只能通过电话远程办公,或者因为不得不加班而错过孩子的假日合唱活动。在第 8 章中,我们会讨论如何应对因无法完美完成所有事情而产生的内疚感,但通过关注你的价值观,你至少可以确保正在追求的事业是当下人生阶段中你最为看重的东西。

---

1 主要是指美国人在圣诞节期间组织举办的让参与者们体验音乐厅的管风琴、爵士组合、合唱班,并尽情欢唱自己喜爱的圣诞假日歌曲的活动。

附言：把工作排在第一位没有问题！

在《纽约时报》一篇题为"我选择工作而不是孩子"的评论文章中，一位事业有成的律师妈妈坦率地写道，她经常把工作看得比孩子还重要。她指出："我选择工作不仅仅是经济上的需要，我优先考虑工作，是因为我有理想，这对我来说很重要。如果我不写作，不教书，不打官司，我的内心就有一个部分是空的。"

毫不意外，这篇文章遭到了猛烈的抨击。一位来自新泽西州、名叫杰里米的男性对这篇文章评论道："我才不信，称职的律师千千万，但妈妈只有一个。"然而，我想给这篇文章疯狂点赞，因为这篇文章与我多年来对我的妈妈来访者传递的观点是一致的。把工作排在首位，把工作视为照顾孩子这一苦差事的解脱没有任何问题，不要管这位男性发了什么评论，这样的选择并不意味你就是个坏妈妈。

如果你热爱工作，也爱你的孩子，那就投身于工作，找一个适合你和你孩子的托儿所（详见下文），忽视杰里米这种人，他们不了解你，也不知道你作为一个人以及作为一个妈妈，真正需要的是什么。

记住，工作的优先级也会改变

当雷娜[1]的孩子还小的时候，她选择待在家里做全职妈妈，她的头脑里除了孩子没办法考虑其他事情，也没有考虑过重返小学教书。当孩子长到蹒跚学步的年龄，她渴望做一些需要脑力劳动的事情，于是开始写博客，给父母介绍一些可以用来帮助孩子学习阅读的方法，这最终让她成为一名阅读导师，在当地一对一地教小朋友阅读。随着孩子慢慢长大，她能够花在写博客和辅导阅读工作上的时间就越多，等到孩子们都到了学龄期，她已经把写博客转变成一份成熟的职业了。

雷娜的故事说明了两个重要的概念。首先，你在孩子还小的时候所做的工作决定不是永久性的，我已经记不清有多少妈妈的职业生涯在孩子不同的成长阶段发生过重大转变。我姐姐的好朋友在她的四个孩子还小的时候，选择待在家里带孩子，又在她40岁时开始去法学院读书。我的一位来访者在有了第一个孩子之后选择从公司辞职，后来考了房地产经纪人执照，现在是一名拥有大量客户的房地产经纪人。我的另一个朋友在生完两个孩子后重返职场，但是在生完第三个孩子后，她决定完全放弃工作，在家做全职妈妈。这些妈妈们的职业生涯都随着孩子的成长而发生了戏剧性转变。

---

[1] 第2章中出现的想把孩子扔出窗外的雷娜（Rayna）与这里的阅读导师雷娜（Rena）并非同一人，只是译名相同。——编者注

其次，一旦你有更多的时间和精力，零工、副业甚至是志愿者工作都可以变成主业。包括我自己在内的很多妈妈都以为，如果在生完孩子后重返职场，就要全力以赴投入工作。但其实很难，我就曾掉入过这个陷阱：休完产假后我开始工作，花了很多时间重新建立我的客户群。当工作进展缓慢时，我对自己非常失望，认为我的职业就是一个笑话。我现在才意识到，那个时候我根本没有足够的精力来完成一个完整的咨询个案，当时缓慢的工作进展是很正常的。现在，6年过去了，我有能力接手更多的个案了。

所以，现在就要对你的工作和生活进行仔细的考量，但也要认识到，你对这件事的感受很可能会改变。这是一件好事！你不需要现在就定下一套要坚持一辈子的工作-生活价值观。

如何选择托儿所

我想在结束有关职场妈妈的章节时，谈点儿孩子的照顾问题。在孩子出生后，妈妈们就开始为选择托儿所而焦虑了。对于一些妈妈来说，这个时间甚至更早，孩子还没出生，她们就已经开始择校了。那些已经确定了选哪家托儿所的妈妈也会面临一系列纠结的问题。

还记得马蒂6个月大的时候，我在一次家庭聚会上与一位年长亲戚聊天。当时他在我们心仪的一家托儿所工作，不知怎的就谈到父母把孩子送到托儿所的话题，他对父母可以整天都看不到自己的孩子感到震惊，并认为这些父母是"不负责任"的。我当时就很想告诉他,我的丈夫和我就是这么"不负责任",但出于礼貌,我还是没有说出来。

与所有育儿问题一样,在孩子的托育问题上,不同人有不同的看法。有些人像我的亲戚一样,认为上托儿所对孩子就是酷刑,还有一些人认为托儿所是孩子社会化的唯一途径;有的人称赞保姆简直就是天使,有的人则批评保姆总在玩手机。相信我,没有哪种儿童保育方式是不被批评的。

如果你正在为选择保育方式而苦恼,请停下来回答以下两个问题:

1. 在目前的托育中,你的孩子是否得到了很好的照料?
2. 这种托育形式对你有帮助吗?

如果你对这两个问题的回答都是肯定的,那你就已经找到了适合自己和孩子的托育了。

针对问题 1:我真的认为,只要你的孩子得到良好的照顾,谁来照顾并不重要。我孩子的托儿所老师就很爱他们,并把他们当成自己的孩子或孙子照顾得很好。并不存在一个完全适合照看你孩子的人,只要这个人爱孩子就够了,这个人可以是托儿所的老师,可以是保姆,也可以是亲戚。

针对问题 2:带小孩子的妈妈是很艰难的,如果你无法给孩子提供好的看护,就会难上加难。以我以前的一位来访者考利为例,她在最后一次咨询中说,正在上学前班的儿子很不喜欢学校,所以她让他退学了,但由于考利还要工作,她必须给孩子找个保姆,在学期中又很难找到保姆,于是她找了两个保姆,让两个人轮流过来照顾她的儿子，此外，她还要调整自己的上班时间，这样才可以弥补中间的空档。结果是，她再也没有时间接受心理治疗。

正如你所看到的，考利只考虑了她儿子的需求。对她来说，变换孩子的看护会给她带来很大的负担，她不得不支付比上学前班多得多的保姆费，还要重新调整工作安排，也没有时间接受她急需的心理治疗。

在为孩子的托育做决定时，你一定要为自己考虑。要选择对每个人来说最有利的情况，即使这不是孩子或你挑剔的亲戚的首选。一旦你做出决定，给你自己和孩子一定时间来适应新的托儿所环境。小孩子刚进到一个新的托儿所时往往会很闹腾，我仍然记得，当我把18个月大的萨姆送到新的托儿所时，他泣不成声。不过他们很快就能适应新的生活，妈妈也是如此，等到萨姆在托儿所待了一周，我和他一样，已经完全适应了，他上学也不再哭闹了。

希望随着时间的推移，你最终会满意孩子的托育情况。不过，请记住，你对我上面提出的两个问题的回答，可能会随着孩子的成长而变化。如果是这样的话，你就需要改变托育形式了。我知道很多妈妈会在某个时间段换托儿所或保姆。我还认识很多妈妈，在孩子到了学龄前的阶段，会从原来由奶奶帮忙照顾转向真正的幼儿园。如果你对孩子的托育感到很有压力，请再次问自己这两个问题并重新评估，你的主要目标应该是**确保孩子和你都得到良好的照顾**。

第4章

"为什么我无法停止担心？"

总有大事小情令我们惶恐不安

简在她女儿上学前班的第一周来到我的办公室。我问她是不是经历了父母第一次送孩子上学的经典反应：一种夹杂着开心、骄傲和绝望的复杂心情体验。她坦言并没有，因为她当时正忙着纠结女儿分班的事情，虽然女儿在学校里有不少朋友，但没有一个跟她同班，简不停地为女儿在学校可能会没有朋友感到焦虑。她承认自己当时深陷在这种想法之中，以至于都没有注意到女儿跟着队伍走进了教室。

沙妮丝的儿子一岁时第一次出现对花生和坚果的严重过敏反应。起初，沙妮丝还是能比较容易地控制儿子的饮食，因为在家里，儿子的大部分食物都是由她来准备的。但随着儿子渐渐长大，沙妮丝对儿子可能接触坚果的恐惧与日俱增，她极力克制自己的焦虑以及想把儿子留在家里的冲动。她也知道不让孩子出门对儿子或是其他家人都无益，但她又不想让儿子接触外面的潜在危险，因为这些危险完全不在她的掌控之中。

当时我正坐在电脑前撰写这本书的初稿大纲，突然我的社交媒体推送新闻上跳出一则学校枪击案的报道。我读着读着就痛哭流涕，想象万一我儿子的学校也发生类似事件，我开始担心他们在学校里的安全。这个念头一直都潜藏在我脑海之中，每当我听到一起校园枪击事件，它就会浮现出来。当我把思绪重新拉回到写作上时，我也不知道该如何教我的读者应对校园枪击事件或其他国内外骇人听闻的事件。如果我都无法慰藉自己，我又如何慰藉其他妈妈呢？

妈妈，被指定的操心者

2015年，《纽约时报》的一篇热门评论文章称，妈妈是家庭里"被指定的操心者"。这种观点是有研究证据支持的。研究表明，妈妈比爸爸更不快乐，压力更大，更疲劳。一般来说，女性更容易焦虑，我不是说爸爸们不会焦虑，但是毫无疑问，妈妈们在这方面几乎是专家。

依据我的临床和个人经验，妈妈们担心的事情可能截然不同。有时，我们会像简一样担心一些鸡毛蒜皮的小事，也就是说，我们会不停地反刍一些日常琐事。我们可能会担心孩子在课外活动中的表现，或者有没有给刚认识的那个酷酷的妈妈留下了好印象，又或者如果我们的儿子喜欢乱扔食物，那感恩节的晚餐该怎么办。

其他时候，就像我和沙妮丝一样，我们又会担心一些大事。这些大事可能是个人事件，比如应对危及生命的过敏问题、有心理/身体问题的爱人，或者失业/离婚问题；也可能是可怕的国内外新闻，比如校园枪击等暴力行为、恐怖主义、流行病或灾难性天气。遗憾的是，最近这类大事件层出不穷，几乎每天都会有这种灾难性的新闻信息出现在我们的眼前。

还有一些妈妈容易沉溺于担心一些和她们自己或孩子的健康幸福相关的事情，尽管她们理智上知道这些事情是不可能发生的。比如，有些妈妈会害怕自己的孩子得重病或受伤，或者坚信自己的孩子会死于婴儿猝死综合征（sudden infant death syndrome, SIDS）[1]，或者把自己身体的轻微疼痛视作癌症的征兆。这些妈妈大多会进行频繁的检查和网络搜索，不断向亲人寻求安慰，回避她们所认为的威胁。

焦虑管理对妈妈来说非常重要，我会用两章的篇幅来讨论这个问题，这一章我聚焦于对小事和大事的担心，第5章将重点讨论有关受伤、疾病等威胁的强迫性想法。

分清焦虑和担心：它们什么时候会变成问题

我需要先澄清一下我所使用的"焦虑"（anxiety）和"担心"

---

[1] 系指引起婴幼儿突然死亡的症候群，本病根据患儿健康状态及既往病史完全不能预知，且常规病理解剖也不能发现明显的致死原因。婴儿猝死综合征是2周～1岁婴儿最常见的死亡原因，占该年龄组死亡率的30%。发病率一般为1‰～2‰，其分布是世界性的，发病高峰为出生后2～4个月，一般半夜至清晨发病为多，几乎所有婴儿猝死综合征的死亡都发生在婴儿睡眠中，常见于秋季、冬季和早春时分。

（worry）这两个词的意思。当我讨论焦虑的时候，我描述的是一种一般的情绪状态，由以下几个不同成分组成：认知成分（你的想法）、情绪成分（你的感受，如紧张或恐惧）、生理变化（身体感觉，如胃部不适、胸闷、头痛、心跳加快或呼吸急促），以及行为（你正在做的事情，比如试图逃离或回避某种情况）。

当我讨论担心时，我特指焦虑的认知成分。担心的常见表现形式是"万一……怎么办？"，比如"万一我的女儿在学校交不到朋友，怎么办？"或者"万一全家人都肠胃不适，怎么办？"在本章中，我会经常使用"担心"这个词，因为我讨论的很多策略都是针对焦虑的认知成分。

对新手妈妈来说，焦虑和担心都是再正常不过的。有研究发现，新手妈妈对孩子的焦虑程度和对孩子健康的关注程度在产后第一周会到达顶峰。当然，这种担心和焦虑并不会随着孩子成长而消失，毕竟我们是被指定的操心者。正如我们在第2章讨论的那样，有了孩子后妈妈们会更容易担心，因为除了担心自己的安全和幸福，我们还要担心孩子的安全和幸福，毕竟保护孩子就是妈妈们的本职工作。

因此，适当的焦虑和担心是**好事**，有助于激励我们去做能保证孩子健康的事情。例如，萨莎的儿子每天早上都不愿意去幼儿园，她为此感到焦虑，她的担心促使她约见了幼儿园园长，以了解她和学校能做些什么来帮助她儿子更好地适应这个入园过渡期。萨莎的担心是有益的，这促使她联系幼儿园园长，园长帮助她制订了一个补救方案。在CBT中，我们将萨莎的这种焦虑称为"有益的担心"(productive worry),因为它有助于解决问题。

然而,有益的焦虑和有问题的焦虑之间并非泾渭分明。有些焦虑对我们来说是件好事,甚至是必要的,因为它促使我们像萨莎那样帮助孩子,但我们很难判定这些焦虑在何时会变成问题。我们都能理解萨莎的处境:她的儿子每天早上去幼儿园都痛苦不堪,她的担心是理所当然的,并通过与幼儿园园长会面来解决她担心的问题。可是,如果萨莎发现,即使在这次会面之后,她还是忧心忡忡呢?甚至她儿子说自己已经没事了,她的担忧还是没有减少呢?如果她开始留心儿子对学校的每一个抱怨,比如他不喜欢某个小朋友,或他不想午睡,然后由于越来越担心而不断地跟园长联系,事情会变得怎么样?从这里你可以看到,担心从有益滑向有害是多么容易、快速了。

如果你出现下面的这些迹象,可能表明你已经担心过度,你需要做一些事情来缓解你的焦虑:

1. 因为焦虑而难以入睡;
2. 出现了一些焦虑的躯体症状:头痛、胃痛、恶心、头晕、呼吸急促、心跳加速;
3. 因为担心而难以集中注意力;
4. 感觉脑海里无时无刻不在为各种事情而焦虑;
5. 经常出现"万一……怎么办"的思维模式;
6. 对担心本身的忧虑(worry about worry)。害怕你的担心会变得过于强烈、无法控制,以至于你再也无法享受生活或你会疯掉;

7. 过度留意焦虑的躯体症状，并认为这些症状可能是危险的；
8. 注意到焦虑或担心成了你的情绪监测主题；
9. 经常根据你的焦虑而非价值观做决定。比如，一位本希望建立更好的社交关系的妈妈，因为害怕在社交过程中被拒绝，决定不参加学校家长会。

如果你发现自己对大小事情都容易感到焦虑，不用怕，CBT、DBT 和 ACT 中有很多策略可以帮助你应对。

在与你分享这些策略之前，我想提醒你注意一下我在第 1 章中提出的一个观点：这些策略中有一些可能会相互冲突，你只需要根据具体的情境来选择最适合你的策略。比如，有时你想用证据反驳你的担心，其他时候你想通过正念来觉察自己想法，记住，选择对你有用的就行。

识别担心时的思维陷阱

管理担心的第一步是熟悉你的担心模式，在 CBT 中称之为"思维陷阱"（thinking traps）。在我看来，你必须了解你的敌人，才能有效对抗它。你可能已经注意到，即使你担心的东西每天都不一样，但你的担心模式是有迹可循的。

当我担心时，我是一个彻彻底底的灾难论者，我总是倾向把结果灾难化。比如，当萨姆在我们度假的第一天发烧了，我一整天都在担心我们都会生病，这会毁了我们的假期，但实际上，我们都没有生病。当听说马蒂的好朋友要搬到其他州时，我担心他会崩溃。实际上他并没有，反而是我崩溃了，因为他这个朋友的妈妈是我的朋友。

灾难化是一个非常常见的思维陷阱。以下是我最常从妈妈们那里听到的灾难化例子：

1. **以偏概全**（overgeneralizing）：根据单一的或有限的信息得出一个广泛的结论。"我的女儿今天在幼儿园扔了一只鞋，惹了麻烦。万一她到小学阶段都有严重的行为问题，那该怎么办？"
2. **非黑即白**（black-and-white thinking）：认为如果事情无法百分之百完美，就一定糟糕透顶。"阿娃的生日聚会开始时会下雪，如果有些孩子因此来不了怎么办？那真是一场灾难。"
3. **做比较**（comparison making）：看到其他的妈妈和孩子很优秀，担心自己比不上他们。我们会在第 7 章详细讨论这一点。"谢娜的儿子已经能按照顺序说出所有美国总统的名字，而我的孩子还只会玩泥巴。为什么我儿子不像她儿子那样天资聪颖呢？"
4. **正面折损/负面过滤**（discounting positives/negative filtering）：忽略任何关于自己或他人的正面信息，只关注负面信息。"我刚刚工作了一整天，给孩子们喂饭洗澡，寄出 100 张节日贺卡，还把房子装饰得像仙境一样好看，但我没办法参照网上的图片，给孩子幼儿园的圣诞节派对制作松果圣诞老人，所以很明显，我在做妈妈这件事上是失败的。"
5. **"读心"**（mind reading）：假定不用问别人，你就知道他们在想什么。"我能感觉到我的老板对我昨天提前下班去参加阿莉的学校演出这件事很不满。"

6. **个人化**（personalizing）：将问题归咎于自己，把实际可能与自己无关的问题也揽到自己身上。"我刚才送孩子下车的时候看到帕姆，她看起来很沮丧，是不是我做了什么让她不高兴的事？"

7. **"应该"思维**（should）：担心有些事情你觉得应该做却没做。"今年我应该给瑞安报名足球旅行，但我却没这么做，万一明年他在比赛中处于劣势，那该怎么办？"

花几天来监测你的担心思维模式会很有帮助。正如我在第2章讨论情绪监测时指出的，我建议使用手机的记事本功能或情绪监测类应用程序来实现这一目的。当你感到焦虑的时候，注意你的脑子里出现的思维类型，是比较思维还是"读心"？是非黑即白思维还是正面折损？还是全部都有？这是一个很好的"成人暂停冷静"练习。

学会管理对小事的担心

一旦花几天时间监测自己的思维，你就会熟知自己的担心模式。你会知道自己通常会陷入什么类型的思维陷阱，你是小事担心者还是大事担忧者，抑或两者兼而有之？下面，我会先介绍专门针对担心小事的处理策略，稍后再介绍针对担忧大事的处理策略。

善用证据

CBT 中最受欢迎也是得到最多研究支持的管理焦虑的方法就是进行事实上的**证据检验**。问问你自己："有没有证据表明我所担心的事情真的会发生？""是否有证据表明我所担心的事情不会发生？"你需要考虑真实的证据，而不是你个人的看法、猜测或感觉。你对某事感到焦虑，并不意味着它一定会发生，因为**感觉不等于事实**，这一点很重要。

简意识到，当她担心女儿在学校里交不到朋友，以至于她都没有关注女儿上学第一天的生活时，她正处于灾难化思维模式之中。我让简回答两个问题："有什么证据能佐证你担心克洛艾交不到朋友的想法？""有什么证据可以反驳你的这种担心？"

以下是简想到的：

克洛艾交不到朋友的证据：
- 克洛艾害羞又安静。
- 克洛艾开学第一天非常紧张。

克洛艾可以交到朋友的证据：
- 虽然她是个安静的孩子，但她过去在幼儿园表现很好，交到了几个朋友。
- 我所有朋友的孩子在开学第一天也都很紧张，所有孩子在第一天下车入学时看起来都有些害怕。不能仅仅因为这些孩子看起来很害怕，就认为他们交不到朋友。我只是假设克洛艾会这样。
- 在学前班的开放日上，老师们说他们会在孩子入学的头几个月把孩子的社交活动作为首要任务。
- 操场上有一个"好朋友长椅"，供那些在课间休息时没有朋友一起玩的孩子使用。学校里的学生们知道，如果长椅上有人，就可以找他们玩。
- 我可以邀请其他孩子来我们家玩，这样克洛艾就可以在一个更舒适的环境中认识他们，从而更有可能在学校里与他们互动。

正如你所看到的，简有相当多的证据来反驳而不是支持她的担心。结合上述支持和反驳她的担心的证据，简会看到这些担心是没有事实根据的，是焦虑在主导她，而不是事实。

有时，想出反驳你的担心的证据可能很困难。所以，在下面的方框里，我给你提供了一些对想出证据有帮助的问题。

帮助你反驳担心思维的问题

- 过去我这样担心一件事时，最终的结果是什么？
- 如果一个朋友也有同样的担心，我会如何安慰她？
- 我是否在为我无法控制的事情负责？
- 如果我没有这种感觉，我会有不同的想法吗？

- 我是否忽视了自己或事情的积极面？
- 几周、几个月或几年后，我将如何看待这种情况？

尽管找出能反驳自己的担心的证据会很有帮助，但妈妈们有时候会告诉我，她们做完这个练习后并没有完全感觉良好，她们还是很焦虑，并认为这个策略不起作用。然而，快速缓解焦虑并不是这个策略的目标，尽管这是有可能实现的。相反，这个策略是让你知道，你所担心的事情可能只是你的焦虑的产物，而不是事实的反映。这将在你的头脑中播下质疑的种子，有助于你更快、更有效地摆脱担忧。

做好最坏的打算

如果想一想这些证据，你很有可能会得出这样的结论：你所害怕的结果不大可能出现。然而，"不大可能"并不等同于"绝对不可能"，有时你会发现你担心的想法的确有证据来证实。那假如你所担心的事情真的发生了呢？

试着问自己下列问题，通过预测最坏的结果让你安心：

1. 最坏的情况是什么？
2. 基于证据的更现实的情况是什么样的？
3. 如果最坏的情况真的发生了，我能应付吗？我会怎么应付？

为了说明这一点，以杰茜为例，她正担心女儿的作息问题。经过近两年的时间，杰茜的女儿终于能睡一整晚，午睡也没问题，作息也比较有规律。然而，她的女儿即将开始进入托儿所，杰茜对此感到很恐慌，担心这种变化会影响女儿的作息规律，打乱她的午睡，由此影响到她的夜间睡眠。以下是杰茜对我上面提出的三个问题的回答：

1. **最坏的情况**：西恩娜开始进入托儿所，她不适应新环境，不愿意在托儿所睡午觉，并在回家的车上昏昏欲睡。推迟的午睡影响到她的夜间睡眠，她又开始在半夜醒来，整个作息全被打乱，最终她会变得非常暴躁。
2. **比较现实的情况**：西恩娜可能会感到陌生，需要花点儿时间来适应。这可能会像上个月我们去度假一样，她有几天不在状态，不过之后的午睡和晚上睡觉时间又会恢复到跟原来一样。
3. **应对最坏的情况**：如果西恩娜开始进入托儿所，她的作息全被打乱，我们就得重新对她进行睡眠训练。第一次的经历很痛苦，但我们做到了，这意味着我们知道该怎么做。同时，吉尔和我不得不恢复我们在西恩娜接受睡眠训练之前的夜间作息时间表，即前半夜我随时待命，后半夜吉尔随时待命。我还会联系托儿所，问问我们夫妻和托儿所双方可以做些什么来鼓励西恩娜在那里午睡。

总结一下，如果西恩娜无法适应这个过渡，杰茜和她的伴侣可以制订一个计划，确保西恩娜的作息尽快回到正轨，同时也需要重启以前西恩娜彻夜不睡时的作息。

重要提示：当我介绍这个技巧时，妈妈们有时会感到困惑，认为做最坏的打算就是灾难化。其实不然，做最坏打算除了**想象灾难化的结果外**，你还要思考你该如何应对它，你在灾难化思维中加入了解决问题的成分，这与从前大不相同。当你能够考虑几种可行的解决方案时，最坏的情况就不会像以前那样具有灾难性了。

通过唱出你的担心等方法减轻焦虑

接下来这套方法来自 ACT，它采用了与 CBT 不同的方法来缓解担忧。ACT 的目的不是挑战担心的想法，而是改变我们与想法的关系，ACT 强调**正视担心想法**的重要性，担心只是语言的集合和我们头脑的临时产物，而不是事实，这大大减弱了担心对我们的威胁。对比下面哪一个想法对你来说更可怕，是"我是一个糟糕的妈妈"还是"我产生了自己是一个糟糕的妈妈的想法"？

贝瑟妮的三个孩子都不满五岁（我们一致认为她是个英雄！），她喜欢用 ACT 的策略来应对自己的担心。贝瑟妮总是担心老二杰克，害怕他夹在中间得不到足够的爱和关注，尤其是看了那些无处不在但又不准确的关于"中间儿综合征"（middle child syndrome)[1] 的妈妈博客文章之后。贝瑟妮出现了很多个人化思维，她认为给杰克全部的爱是她一个人的责任，却忘了杰克还有一个父亲和很多爱他的亲戚。她还出现了正面折损思维，即使有很多的证据证明杰克确实感到自己被爱着，但贝瑟妮还是选择性忽视了这些信息，转而选择性关注杰克被忽视时随口说的几句丧气话。

虽然贝瑟妮能够想到一些证据证明杰克并没有"中间儿综合征"，她还是想用 ACT 的策略来减轻她的担心。以下是我建议她使用的策略：

- 把你的担心唱出来（你没有看错）。
- 不厌其烦地重复说出你的担心。
- 放慢语速说出你的担心。
- 用傻里傻气的声音大声说出你的担心。
- 在讲述你的担心的句式前面加上"我在想……"。
- 给你的担心起个愚蠢的名字，你不喜欢的名人、你不喜欢的虚构的人或现实生活中的人。我的一些来访者会选择他们特别严厉的小学老师的名字。每当你开始担心，大声说："琼斯夫人又来了，她说我……（此处插入担心的想法）。"

---

[1] 指在多孩家庭中，出生顺序处于中间的孩子由于既没有像老大那般受关注又没有像老小那般被宠溺而产生的心理问题，进而演化出相应的性格和行事方式。"中间儿综合征"并不是一种医学上的病，一般用于描述家庭里面排行中间的孩子由于孩子多而被忽视的心理后果。

贝瑟妮是这么做的：

- **把担心唱出来**：她用 Lady Gaga《扑克脸》（*Poker Face*）的调子唱道："我的杰克被忽视了，他正在受苦！""我的杰克！我的杰克！被忽视了，他正在受——苦——"这么唱把她逗笑了，她的担心立刻减轻了。
- **重复说**："我的杰克被忽视了，他很痛苦"。一遍又一遍地重复同样的话，或者用超慢的语速说。在不停重复和用超慢的语速说出自己的想法后，贝瑟妮觉得这句话听起来很奇怪，也失去了原本的意义。
- **在担心前面加上"我在想……"**："我在想，我的杰克被忽视，他在受苦。"这明确了它只是贝瑟妮头脑里的一个想法而已，不是事实。
- **给担心起个愚蠢的名字**：贝瑟妮选择"哈利·波特"系列中的反派人物名字贝拉特里克斯（Bellatrix）。"唉，贝拉特里克斯又来了，她告诉我，我的杰克被忽视了，他正在受苦！"这有助于贝瑟妮把她的担心看成外在因素，而不是对基本事实的反映。

所有这些技巧都会让你看透自己的担心，并且让你意识到你的担心仅仅是语言的集合，并不能代表现实。

ACT 的策略特别适合某些特定类型的担心。很多容易焦虑的妈妈承认，她们会被自己的焦虑吓到，觉得自己的担忧想法具有威胁性，认为自己早晚会因为过于担心而失控或疯掉。还有的妈妈认为焦虑的某些生理症状，如出汗、呼吸急促或胃部不适，是危险的，可能诱发严重问题。

除了让妈妈们思考是否有证据支持这些担心外（"你曾经是否真的'疯掉'或失控？""对你来说，'疯掉'到底是什么样子的？""过去你焦虑而且心跳加速时，是否真的诱发了心脏病？"），我还建议妈妈们用 ACT 策略来管理与担忧和焦虑相关的身体症状。为了说明这一点，比较一下"心跳加速是心脏病即将发作的征兆"和"我认为心跳加速是心脏病发作的征兆"，以及"我的担心会让我'疯掉'"和"我认为我的担心会让我'疯掉'"。ACT 策略揭示了**担心和焦虑的本质**：这只是短暂的心理活动，而不是灾难即将来临的征兆。更多担心和焦虑引发的生理症状及应对策略，请参阅第 5 章。

安排固定的"担心时间"

贾斯明是一位职场妈妈，有一个 8 个月大的孩子，她每天都生活在担心之中，这让她非常沮丧。她总是忧心忡忡，但当她投身工作之中或做其他重要的事情时，情况就有所好转。然而，自从有了女儿之后，她发现自己的担心变本加厉，再也无法将焦虑置之度外了。在一次重要的会议上，她发现自己走神了，满脑子都在担心女儿能否适应新保姆，或女儿的大便颜色是否正常。

贾斯明使用 CBT 策略来设置固定的"担心时间"，这让她受益匪浅。我让她在一天中找一个时间段，留几分钟独处，作为她的"担心时间"。她把这个时间设置在晚上七点半，在她女儿睡觉之后，她自己上床睡觉的一小时前，这样就不会影响她后续的睡眠。每当她在白天产生担心的想法，她就把它们写下来，并保证到"担心时间"再仔细思考。她经常在漫长的工作会议后写了满满一页纸，上面全是诸如"苏菲什么时候要看牙医""今天早上的吸奶器声音有问题"的想法。

贾斯明和很多妈妈都会发现，等她终于熬到"担心时间"，很多她之前担心的事情都不算什么了，在写下担心和实际开始"担心时间"之间的几个小时里，这些担心往往会自动烟消云散，或者问题已经解决了。她意识到，如果把担心推迟到晚上七点半后，就可以为自己节省大量的时间以及"妈咪脑"的空间。她发现自己可以利用"担心时间"专注处理有益的担心，制订有效的计划解决这些担心。

关于安排"担心时间"还有一个重要提示：设定"担心时间"的目的不是为了把担心的想法赶出你的脑海，正如我们在第2章所说的那样，我们不善于控制自己的情绪和暂停自己的感受与想法。与强制清除想法相反，设置"担心时间"是让自己在某个特定时间段内不去关注或试图解决担心。你意识到了自己的担心，但你没有时间去思考它，那么就把它留到你设定的"担心时间"再处理。

很多妈妈告诉我，她们默认的"担心时间"是夜晚，这时她们的大脑不再被白天的工作占据，所以很容易产生过度的担心。

在下面的方框里,我分享了一些夜间担心的应对策略,这些策略来自针对失眠的 CBT。

> ## 如何管理夜间担心
>
> 你是不是跟我祖母所说的"最善于在晚上担心"的妈妈一样也在经历这个问题?这里有一些应对夜间担心的策略,改编自科琳·卡尼(Colleen Carney)博士[1]和雷切尔·曼伯(Rachel Manber)博士[2]的《失眠认知行为疗法手册》(Cognitive-Behavioral Therapy for Insomnia)。
>
> 1. **花点儿时间回顾你的一天**:在睡觉前回顾和处理你一天的事情,写日记、正念练习或跟亲人聊聊天都会很有帮助。也可以把这个时间段定为你的"担心时间",这样你就有时间思考和解决白天担心的问题。确保你至少在上床睡觉前一小时完成一天的复盘。
> 2. **确保睡前一小时放松**:在睡前一小时,做一些与白天遭受的压力无关的放松的事情。可以是正念练习、渐进式肌肉

---

[1] 加拿大多伦多瑞尔森大学副教授、睡眠与抑郁症实验室主任。擅长治疗抑郁症、焦虑症、疼痛所导致的失眠。目前在美国国家精神卫生研究中心的赞助下,从事治疗抑郁症患者的失眠症工作。
[2] 美国斯坦福大学教授、斯坦福睡眠科学与医学中心失眠与行为睡眠医疗项目主任。在美国国家精神卫生研究中心的赞助下,进行失眠的认知行为治疗。

放松、看电视或读书。

3. **不要一直待在床上（重中之重）**：如果你躺在床上担心，而且无法降低焦虑的程度，那么请离开卧室，去做一些放松且不费脑子的事情，比如渐进式肌肉放松、看小说，直到你感到疲倦再回到卧室。切记不要一直在床上辗转反侧、担心不已，这会导致你的大脑在床与清醒之间建立联结。

4. **尝试转移注意力**：转移注意力并不是一个很好的长期策略。然而，你可能不想在半夜使用 CBT 来管理你的焦虑，比如三更半夜质疑让你担心的证据，因为使用这种方法会让你的大脑变得更清醒。在深夜，转移注意力是更好的选择，卡尼博士和曼伯博士建议选择一本你喜欢的书、电视节目或不太刺激的电影来实施这一策略。

5. **提醒自己，夜间担心对你没有好处**：如果你一躺下来就开始担心，那么提醒自己，当你累的时候，你的脑子会不好使，明天你会有机会处理那些担心的事情，那个时候你的大脑会更加清醒。

学会管理对大事的担忧

当我第一次产生写这本书的想法时，我看到很多妈妈每天都在为日常小事烦恼，然而，当我真正着手写这本书时，世界已经完全变了。我们的国家变得岌岌可危，核战、枪支暴力、灾难性气候问题等潜在威胁的新闻层出不穷，这种变化影响着我和我的来访者。正如前面我提到的，我也不知道我可以做些什么来帮助妈妈们度过这样的大事件，因为听到校园枪击案这类事件时，我自己也会手足无措。

除了对国内外大事的担忧外，妈妈们也向我寻求解决个人重大问题的方案，比如照顾生病的家人，或失业、离婚等生活变动，这些担心与你对孩子拒绝吃青菜或与邻居家小孩起争执的担心是截然不同的。

我发现，一些对小事的担心很有效的处理策略，用来处理对重大问题的担忧时就不一定有效了。例如，我之前讲过要考虑事实，强调你担心的想法缺乏真实的证据，这个方法对解决重大问题的担忧并不奏效，因为通常会有充足的证据支持这些担忧。以沙妮丝为例，她的儿子对坚果严重过敏，有明显的证据表明如果她的儿子接触到坚果，可能会致死。

虽然对很多重大问题的担忧证据确凿，这很不幸，但你仍然可以使用一些策略来应对，我将在下面讨论这些策略。在我们继续讨论之前，我先简单说明一下，新型冠状病毒肺炎（以下简称"新冠肺炎"）无疑会激起我们对重大问题的担忧，不过我会把对病毒的担忧放在第 5 章再讨论。

正念自我关怀

我们在第 2 章中谈到正念自我关怀的重要性，即觉察到你有某些感受并不带评判地接纳这些感受。对重大问题的担忧往往是有证据支持且非常可怕的,可能正念和接纳更适用于应对这种担忧。

例如,马拉一边要照顾三岁的儿子,一边还要应对父亲被确诊癌症的打击和父亲迅速恶化的健康状况。她来找我咨询是因为她认为自己不能再哭哭啼啼了,这样才能给儿子树立坚强的榜样,她不想让儿子看到她的痛苦。

我和马拉讨论的第一件事是将她初始的治疗目标从"停止哭泣"和"变得坚强些"转变为接纳她那些完全可以被理解的担忧和悲伤。当她的父亲快要去世时,她怎么能指望自己控制住情绪呢?谁说坚强意味着隐藏自己的情绪?我个人认为,没有什么比承认自己的感受并积极应对更坚强的了。

对于我自己和其他努力消化国内外可怕新闻的妈妈,我也提出了类似的问题。我们怎么可能把听到的校园枪击新闻迅速从脑海里抹去?我到现在还在消化桑迪·胡克小学枪击案[1],而这已经是多年前的新闻了。当你有了孩子,只要想到任何对他们的安全有威胁的信息,你的"妈咪脑"都会超负荷运转。

我们在第2章中讨论了针对想法和感受的正念练习,比如把你的感受及其伴随的想法看作溪流中的树叶、天空中的云朵,或是传送带上的箱子,这些练习的目的不是赶走你的感受和想法,或改变它们,而是用你的心灵之眼观察并接纳它们。

---

[1] 美国历史上死伤最惨重的校园枪击案之一,于2012年12月14日在美国康涅狄格州桑迪·胡克小学发生,造成包括枪手在内的28人丧生,其中20人是儿童。

当你像马拉那样，被巨大的担心所困扰并拼命想把它忘掉，这种正念练习会非常有用。允许自己存在这种担心，注意到不管你喜欢与否，它都会存在，进行这样的练习不会让担心消失，也不会让你感到更放松，但是，它可以阻止你做一些加剧担心的事情，比如强迫自己不要担心，或因为担心而对自己做出负面评价。

慈悲聚焦疗法（compassion-focused therapy, CFT）[1] 也提供了一个类似的策略，这个疗法的主要目标是帮助我们学会理解自己，并进行自我关怀。我的一位前同事，同时也是慈悲聚焦疗法的专家丹尼斯·蒂奇（Dennis Tirch）[2] 博士建议，可以想象最富有同情心和最善良的自己会说些什么来回应你的焦虑。为了说明这一点，以罗丝为例。她每次只要听到恶劣天气的报道，就强迫性地担心气候变化会带来危险。在接下来的几天里，她对其他问题也产生了这种强迫性想法，对此她感到很沮丧。

如果罗丝不是用沮丧来回应她的强迫性想法，而是试着用自我关怀来回应，会怎样？自我关怀的罗丝可能会这样告诉自己："你对气候变化的担心是可以理解的，新闻里到处都是这种可怕

---

[1] 由保罗·吉尔伯特（Paul Gilbert）创立，是一种过程驱动的疗法。CFT 假设培养慈悲心是情绪调节和成功治疗的核心过程，特别是在处理与羞耻感做斗争并表现出自我批评认知的患者时尤其重要。研究表明，它可以对焦虑、情绪低落、完美主义、创伤后压力、饮食问题、羞耻和自我批评等困难产生积极影响。

[2] 以慈悲为取向的临床心理师，纽约慈悲聚焦疗法中心（the Center for Compassion Focused Therapy）的创始人，耶斯希瓦大学（Yeshiva University）教授。

的信息。请继续坚持你的环保组织志愿者工作,尽管你有恐惧,但还是要努力过好每一天。"

想想如果你的好朋友就处在你的处境,你会对她说什么,这样做也会很有帮助。你会给她什么样的富有同理心的回应?一般来说,我们对别人会更仁慈,所以,思考我们会对朋友说什么,可以帮助我们更好地培养对自己的自我关怀。我们在第 7 章还会继续讨论这个策略。

一旦我们能够觉知和接纳对大事的担忧,我们就能更好地着手解决问题。

考虑一下概率

正如我上面提到的,认知策略并不一定是处理对重大问题的担忧的首选方法,因为认知策略的核心特征就是检查证据,而许多对重大问题的担忧都有充分的证据支持。不过,我认为,当我们有对重大问题的担忧时,有一些认知误区还是可以解决的,比如在对全球性问题的担忧中,以偏概全可能就是一个大的认知误区。社会心理学研究显示,我们倾向于高估那些我们容易想到的事情发生的可能性[1],由于存在大量关于飓风的新闻报道,我们就

---

[1] 社会心理学领域将此现象称为易得性偏差(availability bias/heuristic),是心理学家卡尼曼和特维斯基提出的概念,指的是人们往往根据认知上的易得性来判断事件的可能性,忽视了对其他信息进行的深度挖掘,从而造成判断的偏差。

很容易在脑海里想象飓风的种种生动细节，因此，我们会认为飓风非常常见。我们混淆了新闻报道的频率和飓风发生的实际频率，其实，大型灾难的发生概率通常都是极低的，死于大规模枪击事件的概率远远低于死于窒息或骑自行车的概率。

我花了很长时间跟拉娜讨论高估威胁的问题。拉娜清楚地记得电影院枪击事件的新闻报道，当儿子要求她带他去看电影时，她总是拒绝。拉娜承认，她也为剥夺儿子看电影的乐趣感到很歉疚，她自己小时候也非常喜欢看电影，她很珍视和孩子一起看电影的机会，但因为她认为电影院很危险，所以发誓再也不踏入电影院一步。

显然，避开电影院不是什么大事，但是可能发生暴力事件的场所是无处不在的。理论上讲，这种地方你永远都回避不完，我担心拉娜对电影院的回避会泛化到其他地方。拉娜最终决定，她要带儿子去看电影，因为她不希望自己的人生选择，以及她为儿子做的选择被她的焦虑左右，相反，她想做出符合自己价值观的选择。我们一起制订了一个计划，使用暴露技术，帮助拉娜逐步实现与价值观相一致的目标。我们将在第5章更详细地讨论暴露和与价值观保持一致的行动。

我喜欢这样想：我们每天都在碰运气，每次我们走出家门，或开车，或带孩子去令人生厌的生日聚会时，都在面临着安全风险。然而，我们必然会冒这些风险，因为我们就是生活在这样的世界里，我们的孩子也是如此。

面对吓人的国际新闻时，我们也必须冒险。当你被一些可怕的报道狂轰滥炸时，一定会有担心、悲伤和愤怒等感受。但是，如果你知道这种事件其实非常罕见，而且一味的逃避只会阻碍你和孩子过上美好的生活时，也许你的焦虑就会减轻了。

看到最坏情况也有两面性

当我和来访者一起处理她们的个人重大问题时，我经常跟她们讨论灾难化。我非常清楚，任何一种个人困境，如亲人生病、离婚或失业，本身就已经是灾难性事件，但是，面对这样的灾难，妈妈们往往很难意识到事情可能并不像她们担心的那样可怕。

以来访者伊丽莎为例，她正经历着离婚的痛苦，她很崩溃，并对自己的未来充满担忧。我承认伊丽莎的未来存在很多的不确定性，但我让她考虑一下，作为一个离婚的女人，生活中是否有什么方面能让她感到兴奋。

在花了一段时间思考她的未来生活可能会是什么样子之后，伊丽莎终于意识到，获得女儿的部分监护权会让她有更多的时间去追求她长期以来想创业的梦想。不过，显然这些信息并没有让伊丽莎的心情自动好转，她还是对自己的未来感到焦虑，并因离婚备受打击。然而，离婚后，她的生活至少有一个方面可能得到改善，这会让她感到些许安慰。

你此刻可能会想：我当然知道有的人会看到离婚的一些积极面，但是像亲人重病这种事情呢？我知道，遭遇这种事情是很难苦中作乐的，但如果挑战一下自己，将可怕经历中的哪怕很小的一个方面进行去灾难化，也能缓解你对未来的焦虑。下面，我们会讨论在可能的情况下采取行动的重要性，这是一种可以帮助你应对最严重灾难的行为策略。

弄清楚你可以控制的，考虑你的价值观，并实现它

即使面对一场看似失控的灾难，你也可以对某些方面施加控制。我从对重大问题感到焦虑的妈妈们那里听到最多的是，她们感到很无助。我发现，对抗这种无助感的最好方法就是**采取与价值观一致的行动**。

从检查你的"价值观备忘录"开始，留意那些与你正在遭遇的对重大问题的担忧相关的价值观，然后，按照我们在第 3 章中讨论的指导原则，设定一些你认为可以实现的基于价值观的目标，并制订实现这些目标的具体计划。下面，我们会讨论如何解决对重大的个人和全球性问题的担忧。

用行动缓解对重大的个人问题的担忧

采取行动可以帮助加芙列拉应对即将到来的跨国搬家的焦虑。她的丈夫得到了一个难得的工作机会，他和加芙列拉决定搬家，虽然他们都对现在的社区很有感情，加芙列拉也喜欢自己在这边的工作。起初，加芙列拉非常无助，她被迫搬家，远离她的

家人和朋友，离开她多年熟悉的生活环境，她不知道未来的生活会变成什么样子，也担心五岁的儿子难以适应，况且她对搬家需要做什么准备一无所知。

看了几个晚上的美国家居生活频道（HGTV）[1]，加芙列拉决定总结一下目前她能控制的方面。是的，她无法控制他们要搬家这件事，他们将离开亲人，去一个人生地不熟的地方，但是她可以在以下几个方面做出基于自己价值观的决定，包括：

1. 她会搬进的房子
2. 找的新工作
3. 为儿子选择的学校
4. 为儿子选择的活动

用苦中作乐的心态对待后，加芙列拉还意识到，她实际上很高兴能有机会做出一些改变。她一直很不喜欢现在住的房子，搬家使她有机会找到一个更符合她品味的新房子，她也一直在考虑换份工作，换个地方可以帮她实现这个想法。

于是，加芙列拉采取行动，她把上面列出的四项任务中的每一项都**分解成可行的小步骤**。这样她就可以着手开始处理。下面的例子是加芙列拉找新房子的计划：

---

1 全称Home & Garden Television，该频道主要播放与家庭装修和房地产有关的真人秀节目。

第一周：联系住在新城市的朋友，了解不同小区的情况，并考虑当地房产经纪人的推荐。

第二周：浏览房地产网站以筛选房源，对周边社区做更多的线上了解。

第三周：联系房产经纪人；跟保罗商量找一个周末去看房。

第四周：联系房产经纪人确定看房日期，告诉他你中意的房子类型。

加芙列拉还决定让儿子也参与计划，这样也可以帮助儿子应对搬家的无助感。他们一起在网上选了一家新的跆拳道馆并报了班，还在新城市搜索到适合孩子的活动，讨论着要一起去所有好玩的新地方。后来，加芙列拉很惊讶地听到了儿子第一次表达出对这次搬家的兴奋之情。

采取基于价值观的行动并没有减少加芙列拉对搬家的不安，她还是想回原来的城市，但这样的行动帮她有效控制了焦虑，重获了对生活的掌控感。

现在我们来思考那些对个人的重大问题的担忧，比如所爱之人得了重病。虽然你不一定能做什么事情来改善所爱之人的健康状况，但你仍然可以采取基于价值观的行动来减少无助感。沙妮丝的儿子对坚果严重过敏，她决定参加一个为坚果过敏者争取权益的非营利组织，为相关的研究筹集资金，并在她所在的社区科普过敏知识。沙妮丝还与儿子的医生合作，制订了一个计划，标出生日聚会、餐馆等场合可能会出现的坚果。沙妮丝仍然会担心儿子的健康，但她相信，自己正竭尽所能掌控局面。

另一个例子来自我的一个朋友。她的父亲得了绝症，她决定为整个大家庭策划一次大型旅行，这样她的父亲就可以趁身体还好的时候，享受和子孙在一起的时光。当然，我的朋友仍然对父亲的预后感到焦虑和难过，但她很高兴有机会专注于她可以控制的积极事情上，她感到欣慰，她所做的事情可以给父亲带来快乐，也让她的家人有机会陪伴在父亲身边。

用行动缓解对全球性大事件的担忧

采取行动也可以帮助你缓解对全球性大事件的担心，我就是用这个策略来帮助自己，成功应对了持续不断的枪击事件新闻带来的焦虑。不用说，我知道我无法控制美国枪支暴力的泛滥，但我意识到，我可以采取与我的价值观一致的行动，支持那些反对枪支暴力的众议院候选人。利用我在第 3 章中提出的目标设定和日程安排指南，我计划在大选前几周的每个周末抽出时间，在我所在的社区里挨家挨户为我支持的候选人拉票。

我支持的候选人当选了，我非常开心！但即便她没有当选，我也会觉得我已经做了一些努力来改变、获得掌控感，这比总是盯着社交媒体新闻，担心我的家人会成为下一个受害者好得多。我仍然会担心枪支暴力事件，但至少我在用行动来缓解这些担心，这的确让我更有力量了。

我建议所有对这种新闻感到绝望的妈妈们审视自己的价值观并采取一些行动。你不一定要挨家挨户游说，我知道不是每个人都喜欢这么干，你可以给慈善机构募捐，或联系民选官，只要是能让你觉得对局势有掌控感的行动都是可以的。

万一你没有立刻采取行动的能力，怎么办？

一些找我咨询的妈妈觉得自己没有采取行动的能力，她们被孩子或工作压得喘不过气来，以至于她们都想不到给当选的官员打电话或挨家挨户游说。她们承认，理论上来讲，采取行动确实很不错，但目前她们根本做不到。

对于这些妈妈，我会调整思路，让她们采用老派的无视法。

好吧，你可能会说，我这样一个 CBT 领域的治疗师竟然也会推荐无视法，我来给你解释一下。有时，你会被私事压得喘不过气来，以至于你没有精力去考虑全球性的问题，这个时候，你可以不看新闻或不去浏览社交媒体上的帖子，你也可以删掉手机上的新闻软件或社交软件。显然，无视法并不是一个好的长期策略，但如果使用得当，还是可以帮助你度过一天、一周或一个月，甚至更长时间的。

如果什么都不看、什么都不听能让你保持心理健康，那就没有问题了。我敢肯定，未来一旦你的"妈咪脑"有更多的空间，你还有大把的机会采取行动，同时，你也许会需要用小小的无视来帮你有效应对一天中无数的压力，**我们将在第 7 章中详细讨论搁置不理的重要性**。

第5章

"为什么我没有安全感？"

对于孩子受伤或生病的强迫性担心

女儿刚出生时，索菲娅和许多妈妈一样，担心孩子会呼吸停止，每当女儿睡着时，她都会随身带着婴儿视频监控器。女儿8个月大时，索菲娅还会不停地检查监控器，以至于她都觉得自己是"婴儿监控狂"。她承认这种检查干扰了她的生活，让她在孩子睡着后都无法放松下来，但她认为，为了女儿的安全，她必须这么做。

在成为母亲前，凯蒂在社交媒体上看到一位网友的帖子，这位网友的朋友家刚学会走路的儿子从滑梯上摔了下来，受了很严重的伤。后来凯蒂有了儿子，她就不敢带他去游乐场和儿童体育馆这种可能会发生类似事件的地方。如果不得不去，只要儿子在器械上玩，她就会一直跟在儿子的身后，这导致她无法和其他家长进行社交。

我在生完马蒂的头几个星期也非常焦虑，我不确定他吃奶是否吃饱了，于是喂了他好几个小时。我咨询了一位哺乳顾问，她第一次告诉我,可能是"结舌"(tongue tie)[1]妨碍了他的进食能力;第二次却告诉我他吃得太多了,"体重增加太多"。我认为照顾好马蒂是我的责任,但总担心自己做得不对导致他营养不良。

如果你是一位新手妈妈,满脑子都在担心宝宝可能会受伤,或担心你无力照顾好宝宝,那么你要知道不是只有你一个人有这种担心,我们所有人,苏菲、凯蒂和我,以及我接待过的每一位新手妈妈,都经历过这些担心。正如我们之前讨论过的,孩子一出生,我们突然发现自己肩负着养活他们的重担。

研究表明,新手妈妈经常会对宝宝的健康产生强迫性想法,进而诱发强迫性行为,比如不断检查宝宝是否还有呼吸。这些强迫性想法和强迫性行为类似强迫症(obsessive-compulsive disorder, OCD)[2]的症状,它们通常发生在孩子出生后的头几周,随着孩子逐渐长大,它们会慢慢消退。

然而,也有很多像索菲娅和凯蒂这样的妈妈,即使孩子长大了,她们还会继续沉溺于担心潜在的伤害。这些妈妈所担心的事情也千差万别,有一些会对公园里摇晃的爬梯很紧张,却对孩子

---

[1] 也译作"舌系带过短",由于舌腹面应退化的细胞未退化,致出生后舌系带没有退缩到舌根下,导致舌不能伸出口外,舌尖不能上翘的现象。

[2] 属于焦虑障碍的一种类型,是一组以强迫思维和强迫行为为主要临床表现的神经精神疾病,其特点为有意识的强迫和反强迫并存,一些毫无意义、甚至违背自己意愿的想法或冲动反反复复侵入患者的日常生活。患者虽体验到这些想法或冲动是来源于自身,极力抵抗,但始终无法控制,二者强烈的冲突使其感到巨大的焦虑和痛苦,影响学习工作、人际交往甚至生活起居。

的膳食营养不以为意；有一些则会花很长时间看食品说明书，努力避免孩子吃到可能有害的加工食品，但对游乐场设备的安全性不以为意。我们所担心的事情可能与我们自身的经历有关，比如一位曾因吃了贝类食物生病的妈妈，会因为担心孩子生病而不让孩子吃贝类食物。在听到他人的警告或已经发生灾难性事故后，不管这些信息是亲耳听到的还是来自社交媒体，我们都会感到担忧。

正如我们在第4章中讨论的，对我们自己和孩子的健康有适当担心是有益的，它会促使我们采取行动，保护我们和孩子的安全。但是，有益的担心和强迫性的担心之间并非泾渭分明。索菲娅定期检查女儿的状况，确保孩子是安全的，这没有什么问题，但是如果她的检查已经妨碍到她的生活，那可能就有问题了。

如果你出现了以下这些迹象，表明你可能有与伤害相关的焦虑需要应对：

1. 第4章中讨论的1~9迹象中的任意一个（参见"妈妈，被指定的操心者"小节）
2. 不停地通过家人或互联网确认你或孩子的安全
3. 反复检查自己或孩子的身体是否生病或受伤
4. 通过网络资料研究症状或灾难场景
5. 回避某些场合、人或环境，以免自己或孩子受伤
6. 尽管被告知是健康的，还是不停地看医生或带孩子看医生
7. 担心自己会伤害孩子（这是一种与受伤相关的特定焦虑，我们

会在后文专门讨论）

我们在第 4 章讨论过的很多概念也适用于解决与受伤相关的担心，这些担心与对大事、小事的担心都属于同一类型（灾难化、以偏概全等），也可以用你学过的认知和正念技术来管理。而且你会发现，我在下面介绍的一些应对与受伤相关的担心的有效策略也能帮助你解决在第 4 章中讨论的对大事、小事的担心。

在我们接着讨论之前，我要指出，由于我们刚经历了新冠肺炎疫情，对孩子接触病毒的担忧变得更复杂了。所以在本章的最后，我们会讨论后疫情时代如何处理与病毒有关的担忧。

我们的掌控力是有限的

如果你是一位过度担心自己或孩子健康与幸福的妈妈，你首先需要承认的是，你对它的控制有限。你可能会想：你真恶毒！你怎么能告诉我这些？这只会让我更焦虑！我清楚这种焦虑，但请听我说，我认为，承认你无法完全控制所有事情反而会帮助你更好地管理你的焦虑。

以我给马蒂喂奶的经历为例。我担心他没有摄入足够的营养，我的焦虑很大程度源自于我的误解，即每次喂奶他是否吃饱完全由我控制，但事实上，还有很多我无法掌控的因素也会影响他吃奶的情况。

运用饼图可以帮助你确定你对特定伤害情境有多大的掌控

力,这是 CBT 的一个主要技术。我将以我的哺乳焦虑为例进行说明,不过我们需要假设我当时足够聪明,已经能够完成这个练习,但实际上我第一次做这个练习的时候,马蒂已经九岁了。唉,随它去吧。

首先,我列出了可能影响我给马蒂成功喂奶的所有因素,然后用饼图来代表给马蒂喂奶的整个经过。这个饼图的每一个部分代表一个影响因素,我估计出每个因素所占的比例,给那些我觉得对马蒂哺乳有较大影响的因素分配更大的比例。

9 年前,我画的饼图就像下面这样。纵观整个饼图,我意识到哺乳的过程中有很多因素完全不受我的控制,包括马蒂结舌的问题(顺便一提,这从未被确诊)、他当时有多累、他之前吃了多少奶、我那天有没有吸奶。我认识到,即使我把这张饼图上的所有可控方面都做到完美,比如听从专家的建议、为母乳喂养做好充分的准备、吃很多催乳的补品,我也不能保证母乳喂养一定成功。

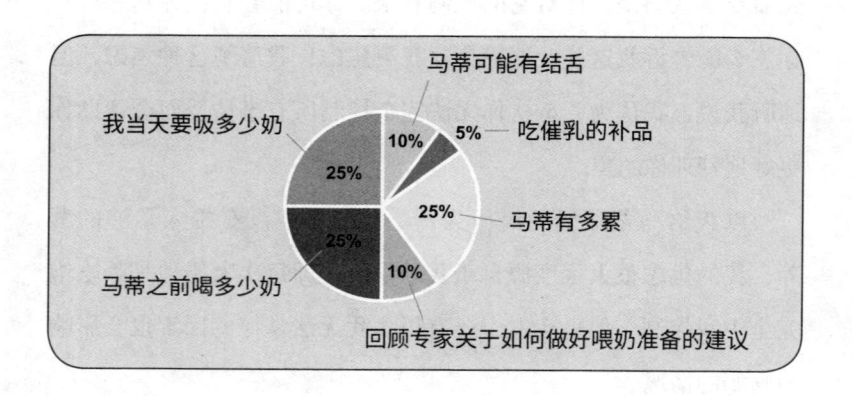

饼图内容:
- 我当天要吸多少奶 25%
- 马蒂可能有结舌 10%
- 吃催乳的补品 5%
- 马蒂有多累 25%
- 回顾专家关于如何做好喂奶准备的建议 10%
- 马蒂之前喝多少奶 25%

影响马蒂哺乳的因素

说实话，我真希望我在哺乳期的最初几周就能完成这个练习，如果知道有这么多的因素是我无法控制的，我也许就能轻松一些。这就是为什么承认我们对健康和安全的掌控力有限，可能一开始会引发我们焦虑，但最终反而会让我们解脱。知道我们真正能做的事情其实很少，会让我们稍微松一口气，帮助我们减轻保护孩子免受伤害的重负，并把我们的注意力放在我们和孩子所处环境中真正能控制的那些方面。

试试暴露疗法

管理跟伤害相关的焦虑，最常用的 CBT 技术是暴露。暴露要做的就是直面让你恐惧的情境，而不做任何能给你带来虚假安全感的事情，比如在婴儿车里塞满世界末日物资，或不断要求亲人向你保证一切都会好起来。

我们都不喜欢焦虑，所以我们的第一反应是回避让我们感到焦虑的事情，短期内这样做是有效的，但从长远来看，这会变成一个问题。我们如果一直逃避某种情境，就永远没有机会了解自己能否控制焦虑并进行有效应对。当然，回避某些人、某些地方和某些事情也会限制我们自己以及孩子的能力。

获得健康和幸福的过程是充满不确定性的，除非我们与世隔绝，否则就无法保证永远安全无忧。所以，暴露的目标不是让你相信你或你的孩子永远都是安全的，也不是不再担心伤害的降临，而是让你认识到，你可以独立面对焦虑和不确定性，而不用回避某些场合，也不用依赖别人的安慰或为世界末日做准备。

你可以通过三种不同的方式进行暴露：现实情境暴露、想象型暴露、症状暴露。

现实情境暴露

还记得凯蒂吗？她宁愿让儿子待在家里，也不愿让儿子接触有潜在危险的儿童游乐场，但她意识到，待在家里会让她和儿子失去社交机会，而她的价值观又使她很重视儿子接触新环境的机会，回避会妨碍她采取与价值观一致的行动。

凯蒂决定在现实生活中尝试现实情境暴露。凯蒂的暴露计划包括每天离开家，去一些她以前回避的地方，参与她以前回避的活动，比如镇上的游乐场，还有她朋友女儿在当地儿童体育馆举办的生日聚会。她还会挑战自己，不再跟着儿子上下运动器械，而是像其他家长一样，站在一旁观看。在儿子玩耍时，尽管她还是会留意儿子的蹦蹦跳跳，但她会强迫自己跟其他的家长聊聊家常。在本章后面"组织暴露练习"一节中，我们会讨论如何制定并实施暴露计划，以及选择在何时面对何种情境。

现实情境暴露的好处是，你不用总是想方设法寻找暴露机会。当然，你可以也应该做好暴露计划，带你的家人去你认为有威胁但实际并不存在威胁的地方。你也可以选择直面日常生活中出现的挑战，例如，尽管天气预报说有暴风雨，你还是决定按原计划开一小时的车去朋友家。除了完成计划中的暴露外，这还有助于我们采用一种暴露心态做好面对暴露挑战的准备。

记住,暴露的目标不是消除对安全问题的担忧,或说服自己一切都会好起来。不管你已经接触了多少次威胁性情境,你每次遇到这种情境时还是会感到焦虑和不适,但你会发现,暴露会让你慢慢地可以容忍自己的焦虑,不必再回避它。例如,凯蒂带儿子去"看起来很危险"的儿童游乐场很多次后,她仍然会担心,但她对自己忍耐焦虑的能力越来越有自信,这意味着她已经可以遵循让儿子接触各种新环境的价值观,无论这些环境有多危险。

想象型暴露

想象型暴露需要用第一人称的现在进行时详细描述你所害怕的情境,就好像你当下正在经历这个情境一样。你可以写一个最坏的情况,在这种情况下,你最害怕的事情真的发生了,例如,你或你的孩子受了重伤。你也可以写一个有不确定性的故事,在故事中你的未来充满了不确定性,例如,你在等待孩子的受伤严重程度的检查报告。

想象型暴露可以在任何时候使用,但特别适用于那些你不能进行现实情境暴露的情况。例如,你不会故意让你的孩子和一位得了胃流感(stomach flu)[1]的幼儿园朋友一起玩,不过,你可以想象这样一个场景:你的儿子和一位后来确诊胃流感的孩子一起

---

[1] 也叫胃肠炎,通常是由细菌或病毒导致的一种感染,会导致胃和肠道发炎,引起恶心、呕吐、发热、腹部绞痛、腹泻等症状。

玩耍过，你正在等待诊断结果，以确认你的儿子是否被感染了。本章末尾将详细介绍病菌恐惧的想象型暴露练习。你也可以把想象型暴露作为进行现实情境暴露的前奏。安德烈娅担心女儿会被固体食物噎住，她首先写了一个想象型暴露场景，在这个场景中，她的女儿在吃葡萄时开始咳嗽。后来，她开始真的给女儿吃葡萄。

　　一旦你写好了想象型暴露情境，一遍遍地阅读它，为了感觉更强烈，可以用手机把自己大声朗读的内容录下来，然后一遍遍地听，同时闭上眼睛，在头脑里想象这个场景。一直持续这个读和听的过程直到感觉有点儿反胃，这时你觉得这些让你害怕的场景听起来怎么样呢？还和以前一样真实、可怕吗？还是开始觉得无聊了？

　　如果你害怕的情境变得无聊，那很好，这意味着恐惧的情景对你来说不再有威胁。妈妈们经常说，在反复听自己描述的情境后，这些情境就没了冲击力，这跟你看了几遍恐怖电影后就不再害怕了有点儿像。妈妈们还告诉我，她们原来害怕的情景开始变得荒谬或不真实。还有妈妈意识到，虽然这些情境听起来很吓人，但她们可以加以识别并思考出应对的方法。

　　请看下面的方框，这是格雷丝写的一个想象型暴露的例子，她经常出差，但一直很怕坐飞机。女儿出生后，她对出差的焦虑达到顶点，因为她担心自己在出差过程中死掉，留下女儿一个人。

> ## 格雷丝的"万一……怎么办"出差场景
>
> 刚坐上前往加利福尼亚的飞机，我就已经非常想念米莉了，我一直在手机上看她的照片。在飞行过程中，机舱出现摇晃，一开始轻微地摇晃，后面变得非常剧烈。最后，机舱里的灯开始闪烁，发动机开始发出噼里啪啦的声音，设备也一直"哔哔"响个不停。我看到其他乘客都很惊慌失措，机务人员打开广播，告诉我们发动机出现了故障，已经采取紧急措施。飞机上的乘客开始尖叫，氧气面罩也掉了下来，灯光继续闪烁，噪声不断。我想：这架飞机要坠毁了，米莉就要失去母亲了。我紧紧抓着座椅，翻看她的照片，想着这很可能就是结局。

格雷丝的情景可能听起来有点儿极端，但恰恰这才是重点。在听了几遍自己的录音后，格雷丝说，她写的东西听起来像电影情节，而不像是在现实生活中可能会发生的事情。结果，这个场景对她不再有那么大的冲击力了，格雷丝也不再那么恐惧坐飞机了。她还说过类似这样的话："我已经从'恐惧'降级到'害怕'了。"这时，我们就可以专注于其他可以帮助她应对坐飞机的焦虑的行为策略，例如在候机的时候进行正念练习。

想象型暴露对"对担心本身的忧虑"也很有效。正如我在第4章提到的，有些妈妈担心她们会被自己的焦虑所控制，导致她们失控或疯掉。我建议这些妈妈写一个想象的情境，详细描述她们最终是怎么失控的。妈妈们经常反馈说，她们写不出这样的情境，因为这种情境对她们来说很荒谬，有的甚至无法描述出失控到底是什么样子。一些妈妈甚至觉得自己想象出来的自己精神错乱的画面好笑，这立刻缓解了她们的焦虑。

症状暴露

在第 4 章中我提到过，一些妈妈们会担心焦虑引起的生理症状，她们认为这些症状很危险甚至会导致灾难性后果。这种类型的焦虑可以通过症状暴露进行有效的控制，即故意让身体体验到焦虑过程中地症状，比如呼吸急促、通气过度（hyperventilation）[1]、头晕或出汗。症状暴露有助于让妈妈们认识到，这些生理症状虽然让人感觉不舒服，但并不危险。

有很多简单的方法可以诱发担心的身体症状，详细说明可参照下面的方框内容。注意，这些练习需要一定的创造性：如果方框列出的练习无法引起你特定的身体焦虑症状，你可能需要再想一些其他练习。同样重要的是，要确保你持续练习的时间足够长，这样才能让你担心的症状真正出现。

---

[1] 指过深过快的呼吸使肺通气量过分增大，释放过多二氧化碳而引起呼吸性碱中毒的现象，往往发生于产生焦虑、紧张和恐惧等情绪的情况中。

> ### 症状暴露示例
>
> 1. 呼吸急促：捏住鼻子，用一根细吸管呼吸 1～2 分钟
> 2. 通气过度：用嘴快速深呼吸 1 分钟
> 3. 头晕：在转椅上转 1 分钟
> 4. 出汗：在楼梯上跑上跑下、在本就暖和的房间里多穿几件衣服，或抱着孩子在房子里来回走一走，方法有很多
> 5. 不真实感：盯着一张奇怪的图片看几分钟

当玛雅非常担心某事时，她往往会变得呼吸急促。当她注意到这一点后，她开始担心这种呼吸急促代表她真的处于危险之中，这大大加重了她的焦虑。玛雅尝试用一根细吸管来进行症状暴露，通过这个细吸管呼吸 2 分钟后，她意识到自己能够安然无恙地渡过呼吸急促这个难关，除了一些不适，没有任何危险发生。她多次重复这个暴露练习，每一次的结果都是一样的：她感到不舒服，但并没有心脏病发作。经过暴露练习后，呼吸急促的症状不再对她构成威胁。

如果你容易担心自己的健康问题，症状暴露也可以帮助你。例如，盖尔经常检查自己的身体，寻找一切潜在的问题，她最常见的感觉是头晕，她认为这种头晕有很大的问题，表明她病得很重。所以，盖尔进行了转椅练习，这让她意识到，她可以控制自己的头晕，且头晕并不一定意味着严重的健康隐患。

我要提醒一下，有一些焦虑的身体症状不容易再现，比如寻

麻疹，在这种情况下进行症状的想象型暴露练习可能更好。此外，有一些妈妈说，她们害怕的并不总是那些症状，因为她们清楚，这些症状是自己创造的，而不是突然出现或意外出现的。如果你是这种情况，没关系，你仍然可以从症状暴露练习中获益，并让自己知道你可以控制这些症状。

组织暴露练习

我们已经讨论了三种类型的暴露，下面我们来谈谈如何有效制订和实施暴露练习。首先，要确定暴露的潜在目标，想想让你回避或强忍不适的任何人、地方、情境或身体感觉，并制订一个直面这些人、地方或情境的计划，可以是现实情境也可以是情境想象。

你也可以对照你的"价值观备忘录"看看是否有因为存在与伤害相关的焦虑而没有进行与价值观一致的活动？例如，你重视为孩子营建一个好的邻里关系，但是因为担心孩子受伤或被其他孩子传染感冒病毒，你就不让孩子和邻居家的孩子一起玩耍？如果是这样，参与邻里团体游戏对你来说就是一个有效的暴露，也是一种与价值观一致的行动。

你完全可以自行决定怎么组织暴露练习。我们过去会推荐采用循序渐进法接受系统性的恐惧暴露，从中等程度的恐惧情境或症状开始，也就是在满分 100 分的焦虑评分表上你打 50 分的那些。当你克服了中等程度的恐惧后，可以转向更恐惧的情境。反复让自己暴露在每一种情境或症状中，直到你觉得结果已经不那么具有毁灭性，或者你已经能很好地处理这种情境，并且可以成功忍受这种焦虑的存在。

然而，最近的研究表明，暴露不一定要循序渐进才有效。换句话说，如果你已经准备好直面某种恐惧，那就直接面对它吧，即便它在你的焦虑评分表上的得分是90分或100分。你也可以把暴露练习聚焦在那些与你的日常生活直接相关的恐惧上，不管它们让你有多焦虑。例如，安德烈娅既害怕带女儿坐飞机，又害怕让她吃固体食物，由于她现在不需要立刻坐飞机，所以，她选择对女儿的饮食进行暴露练习。

无论你选择进行何种暴露练习，重要的是设定目标并为练习制订具体的计划。完成每次暴露练习后，对练习进行评估也同样重要，最简单的方法就是在暴露前和暴露后进行自我监测。在暴露前，问问自己，你觉得会发生什么？在暴露后，想想实际上发生了什么，以及你是否能够熬过这次练习；想想你有什么感受，以及你是否能够忍受这些感受。同样，你应该重复某一特定的暴露，直到你意识到结果并不像你预期的那样具有灾难性，或者你已经能够很好地处理这个结果，并成功忍受这种焦虑的存在。

暴露也可以用来处理对小事或大事的担心，比如拉娜对电影院枪击案的恐惧。暴露也能有效处理对一些社交琐事的担心，比如一位妈妈因为害怕别人对她评头论足而避免与其他母亲一起出去玩，对这位妈妈来说，她需要把参加各种妈妈聚会作为暴露的挑战任务。

暴露的注意事项

只要你正确使用，这三种暴露疗法都能有效控制焦虑。下面是一些有效使用暴露疗法的建议。

推荐做的

1. **目标要明确、具体**。我在上文提过这一点，但有必要再强调一下，在开始暴露练习之前，仔细思考你要面对的是什么恐惧，并制订一个具体的暴露计划。罗兹非常害怕带孩子开车走高速公路，她制订了一个计划，在需要带孩子开车上高速公路时，从小型公路开始，然后再上宽敞的、车流量大的高速公路。罗兹每周都会制订具体的计划，明确在哪几天她要开车上哪条高速公路。
2. **坚持反复练习**。例如，罗兹先在自己家附近的一条高速公路开了好几次，直到这条路不再让她感到害怕，她觉得可以继续开到她计划中的下一条高速公路。
3. **尽可能在不同的情境下进行练习**。你能接触到的特定压力源越多越好。例如，凯蒂之前回避儿童体育馆，那她就更应该去很多不同的儿童体育馆，如果她只是重复去同一家儿童体育馆，她可能会认为自己只能处理与这一家体育馆相关的恐惧，但不能应付其他体育馆引发的恐惧。因此，如果她的儿子被邀请参加的生日聚会是在当地别的体育馆举行的，她就会遇到麻烦。更换情境是使暴露练习变得更有效的可靠方法。

4. **将不同类型的暴露结合起来。** 如果你真的想从暴露疗法中获得最大的收益,可以考虑把不同类型的暴露结合在一起。例如,当安德烈娅为女儿吃东西而感到担心时,她就会出现呼吸急促的症状,她决定在厨房放一根吸管,一边看着女儿吃葡萄之类的固体食物,一边练习用吸管呼吸,通过这种方式,她就把现实情境暴露和症状暴露结合起来了。格雷丝尝试在转椅上旋转的同时听与出差相关的想象型暴露的录音,这样就在她的想象型暴露练习中增加了一个症状暴露。同时接触的暴露越多,效果会越好!

不推荐做的

1. **尝试事先控制你的焦虑。** 暴露的目的是让你直面恐惧,这样你才会意识到你是可以忍受它们的,这意味着当你进行暴露时,不要做任何降低你的恐惧程度的事情。在进行暴露之前,尝试其他的焦虑管理策略,比如思考支持或反对某个担心的证据,对你达到目标是没什么帮助的。这些策略会缓解你的焦虑,这样,你要面对的就不是真实诱发的焦虑。

2. **练习断断续续。** 如果你只是偶尔进行暴露练习,中间停了很长时间,那练习就没有什么用了。

3. **练习太过轻松。** 如果暴露没有让你感到焦虑,你的暴露方式就不对。比如害怕带孩子开车上高速公路的罗兹如果坚持只上一条当地的高速,即使不再恐惧了,还一遍一遍地开。不用说,如果罗兹需要开到更大的高速公路,她可能还是无法成功做到。

4. **不停地检查或寻求安慰**。这是两种非常普遍但对处理与伤害有关的焦虑无效的策略，它们会使暴露练习失效，而且还会让你长期陷入焦虑之中。因为它们对妈妈们来说是一个重大难题，所以在接下来的两节中我会专门讨论它们。

无效策略一：不断检查和验证

还记得索菲娅吗？她一直不停查看婴儿监控器，总是担心孩子可能会呼吸停止，并试图通过不停查看监控来缓解这种担心。检查可以有很多不同的形式，比如眼睛一直盯着婴儿监控器，或为了确保孩子晚上没事，直接睡在孩子房间的地板上，或不停地量孩子和你自己的体温。

妈妈们经常出现的另一种检查形式是身体检查，审视自己或孩子的身体，寻找生病或受伤的征兆。例如，惠子注意到她7个月大的儿子有点儿来回摇晃，尽管儿科医生跟她保证没有什么问题，但她还是担心这可能是某种发育迟缓的征兆。她把所有注意力都放在观察儿子的摇晃上，而忽视了儿子的笑声和第一次爬行。

克里斯蒂娜则会经常检查自己而不是孩子。每次她注意到自己身体有什么地方不舒服，都担心是重大疾病的征兆。她意识到，现在她还要照顾孩子，保持自己的健康尤为重要，一想到孩子没了妈妈，她就忧心忡忡。当克里斯蒂娜发现胳膊下有一个肿块时，就开始担心是肿瘤，即使看了医生后发现这只是激素变化导致的淋巴结，但克里斯蒂娜还是觉得那个肿大的淋巴可能是肿瘤，每天都要摸它，想确认它有没有继续肿大并恶化。

像克里斯蒂娜和惠子一样，很多妈妈都会通过检查来减轻对孩子或自己可能受伤害的焦虑。但问题是，**检查并没有用**，原因有很多种：

1. **怕什么来什么**。通常，如果你在寻找一些东西，你总能找到它。例如，如果你整晚都盯着婴儿监控器，你总能看到很奇怪的事。我记得有一次看到萨姆晚上 10 点钟醒来，从婴儿床上站了起来，环顾四周后"砰"的一声倒在床垫上，继续睡觉。他当时被包在毯子里，所以这种行为看起来很不可思议。

   "怕什么来什么"的情况在身体检查中尤为真实。正如治疗焦虑的 CBT 专家乔纳森·阿布拉莫维茨（Jonathan Abramowitz）常说的那样，我们的身体都是"嘈杂的"，很容易把自己或孩子的"杂音"症状，比如胃部不适、肌肉酸痛或疲劳错误解读为严重的症状。如果你检查孩子的身体，寻找任何或小或大的动作发展问题，一定会发现一些看起来很奇怪的现象。谁没见过一个三岁的孩子像马戏团的柔术演员那样七扭八歪呢？

2. **不停检查可能会使身体症状恶化**。还记得每天都要摸肿块的克里斯蒂娜吗？持续的按压会导致痛感加强，这会使得肿块更加明显和吓人。

3. **检查是永无止境的**。我记得索菲娅说过她看婴儿监控器有多上瘾，对她来说，检查监控器已经成为例行公事，以至于到最后，她甚至没有意识到自己在做这件事。
4. **检查会使焦虑萦绕于心**。如果你不断地检查自己或孩子是否有问题，那你就会陷入这个问题无法自拔。

我希望我已经讲清楚了，这种检查轻则无用，重则有害。然而，要确定你是否过度检查可能会比较棘手，因为适度的检查对保障你和孩子的安全也是有必要的。你当然不想忽视自己或孩子可能出问题的征兆，如果有什么不对劲，你当然会想去看医生。

想一想你是否花了太多时间检查、你的检查是否已经妨碍你做其他的事情。例如，索菲娅有一个硬盘录像机，里面90%都是她想看的电视节目，她认为看电视可以调剂一下照顾孩子的单调生活，也可以作为她每天辛苦照顾孩子的一种回报。但因为不停地检查监控器，索菲娅无心再观看节目。就像我对她说的那样，一整天都要把注意力放在一个小宝宝身上已经很困难了，在孩子睡着后，还要强迫自己继续关注孩子，你怎么可能有自己的时间呢？这简直是自虐啊。

另一种确定你的检查是否过度的方法是检查证据。有没有证据表明你一直寻找的问题真的会发生？例如，克里斯蒂娜问自己，是否有事实能支持她的淋巴肿大是重大疾病的征兆。事实证明，除了她在社交媒体上看到一位网友的朋友最近被确诊为癌症的帖子外，并没有其他证据可以表明这一点。当然，这并不是什么靠谱的证据，而是一个以偏概全的例子，即听到一个孤立事件并假设它也会发生在自己身上。相反，有充足的证据证明了克里斯蒂娜的担心是错误的，比如医生的检查报告以及肿块在经期前变得更加明显，后者证实了是激素导致的这一假设。

如何觉察你正在检查

消除检查的第一步是注意到你正在这样做。试着监测自己几天。你是否会在一天中的某个特定时间或某种特定情况下进行检查？你是只在有焦虑的时候进行检查（比如惠子，她只有焦虑的时候才会关注儿子的摇晃问题），还是你的检查已经完全自动化，以至于你不假思索就做了（比如索菲娅对监控器的关注）？

如果你的检查涉及重复的身体动作，如看监控器、摸身上的肿块或量孩子的体温，那就要制订一个减少或消除这些行为的计划。例如，我有几个像索菲娅一样的来访者，她们每个人处理检查监控器问题的方式略有不同。索菲娅决定逐渐延长她看监控器屏幕的间隔时间，但保持监控器的声音打开，这样如果有情况她可以立刻收到提醒。起初，她每 5 分钟看一次，然后是每 7 分钟看一次，最后她可以睡一整晚都不看。

另一位来访者则是把监控器给了她的伴侣，只让自己在夜间在合理范围内检查几次。这位妈妈说，把监控器交给伴侣的初期，她感到很害怕，但最后却很轻松，因为她终于能够卸下需要时刻保持警惕的责任和负担。

如果你做得最多的是身体检查，可以考虑使用正念来应对。惠子决定，每当她注意到自己在检查儿子的摇晃问题时，就会试着专注于她当前留意到的一个与伤害无关的特征，如儿子的嘟囔声或儿子房间里的不同颜色。正念让她暂时把注意转移到了其他的事情上，从而暂时摆脱了与伤害相关的想法。当惠子发现她的注意力又回到儿子的摇晃问题上时，她会再次关注周围的其他东西，这种打断检查行为的方式可以有效管理检查行为，尤其是无法控制的检查行为。

不做检查可能会引起焦虑，尤其是当你有强烈的检查冲动时，这也是当你有检查冲动时，想想其他你可以参加的活动会很有帮助的原因。我建议你试试 DBT 策略，选择三种替代活动依次尝试。当索菲娅努力克制查看监控器时，她首先是试着看电视，如果这还不能分散注意力，她就看娱乐杂志，如果再不行，她就给朋友打电话。通常情况下，当索菲娅完成这些活动后，她的检查冲动就不像之前那么强烈了。

无效策略二: 寻求安慰

妈妈们经常使用的另一种管理伤害相关焦虑的无效策略就是**寻求安慰**，即寻求自己或孩子会没事的安慰。这种寻求安慰一般有两种形式。第一种是反复寻求他人的安慰，通常是亲人，而且通常是同一个人。例如，伊莲娜的丈夫厌倦了她总是问"你确定贝利没有得那天在社交媒体上看到的那种罕见的儿童疾病吗"，开始用大喊大叫回应她。

另外一种寻求安慰的方式是上网研究症状或确定孩子是否处

于发展正常阶段。我这里说的,不是在有健康问题时,偶尔看一下权威的儿科或医学网站,而是经常上网搜索关于孩子或你的疾病的回答。一般来说,依赖互联网寻求安慰的妈妈们并不是只信赖权威网站,而是找到什么就看什么,包括不是专家的人在妈妈聊天室和留言板上随意发的帖子。我记不清有多少找我咨询的妈妈不好意思承认,她们对用搜索引擎来搜索疾病的依赖已经到了无以复加的程度。

我所讨论的互联网搜索不仅是一种寻求安慰的形式,我认为它也是一种检查,妈妈们在用互联网搜索检查自己或孩子是否出现了某些症状。妈妈们经常说,她们上网搜索只是想确认这些症状是正常的,但她们往往会得到对这些症状做出的致命解释。我的意思是,疲劳、胃灼热和消化不良可能是胃癌的症状,但它们也可能只是压力的表征,几乎所有的妈妈都会出现这些症状。

无论是从亲人那里还是从互联网上寻求安慰,我都可以跟你保证,它无法帮助你有效缓解焦虑。这是因为:

1. **你寻求安慰的人不具备相应的资质**。伊莲娜的丈夫不是儿科医生,他怎么可能确定他们的女儿有没有病呢?此外,很多妈妈过于相信那些非专业人士撰写的网络帖子。我永远忘不了凯利惊慌失措地冲进我的办公室,说她在网上确认了自己的儿子有严重的语言障碍。我问她:"谁诊断的?"她不太好意思地说:"萨拉。"而萨拉只是某个网站上一位匿名的妈妈,她发誓说凯利儿子的问题和她女儿的问题一模一样,而她的女儿确实有语言障碍。恕我直言，萨拉的说法是无法作为诊断依据的。第 7 章会详细讨论如何质疑网上帖子的有效性。

2. **很多时候你无法获得及时的安慰**。除非医生或保镖全天候跟着你，否则你怎么能确定自己和孩子在任何时候都是健康或安全的呢？如果这让你感到焦虑，可以参阅之前我讲过的关于我们的掌控力很有限的内容。

3. **当你向别人寻求安慰时，你是在依赖这些人而不是你自己来缓解你的焦虑**。CBT 的一个主要目标是利用基于证据的策略来帮助人们建立自信，进而让他们学会自助。如果你依赖他人的帮助，就是在给自己传递这样的信息：你没有能力帮助自己。因此，你不大可能会去尝试有效的解决策略，最终可能变得意志消沉。

4. **寻求安慰会让你时刻担心**。和检查一样，你花在网上或向其他人寻求安慰的时间越多，那么花在让你感到焦虑的事件上的时间也就越多。

5. **寻求安慰是无效的**。如果你是依赖他人安慰的人，你可能也知道这种做法是无效的。例如，伊莲娜寻求丈夫的安慰，可能在得到安慰后的 30 分钟到 1 小时里，她会感到心安，然后又开始怀疑，并再次向丈夫寻求更多的安慰。在获得安慰之后，担忧还是会卷土重来，而且会变得更加强烈，这使得安慰几乎毫无用处。

终止寻求安慰的恶性循环

如果你是从互联网上寻求安慰，从某种程度上讲，消除这种安慰寻求会相对容易一些，你只要关掉电脑或手机就能阻止自己上网搜索。例如，拉克尔经常在女儿午睡的时候上网，寻找与女儿同龄的孩子的发育状况信息，每当她看到跟女儿同龄的孩子已经能做，但自己女儿还做不到的事情时，她就开始恐慌。

拉克尔决定在女儿午睡后查看一下电子邮件，然后就关掉电脑，并关掉手机无线网，这样她就看不到网上的留言板信息。拉克尔难以克制自己上网的冲动，因此，她列了三种在女儿午睡时可以做的替代活动，这些活动都不需要用到电脑。我认为，拉克尔关闭设备和无线网，并采取可行的替代活动，采用双管齐下的方法来减少上网搜索的行为，才是正确的选择。

从亲人那里寻求安慰需要他们的配合。通常情况下，亲人是会安慰你的，因为他们爱你，会尽其所能让你感觉好一些。当然，正如我们上面讨论的，这种安慰实际上并不能帮到你，但很多亲人不知道这一点，有时，即使他们知道，他们也还是会这么做，因为他们知道这是你想要的。

我建议你和你寻求安慰的亲人一起坐下来设计一个提示语，让他们在你寻求安慰时可以做出恰当的回应。这个提示语应该是有鼓励性或支持性的，甚至应该要能提醒你寻求安慰是没有用的，或者是敦促你试试其他的活动。例如："我爱你，所以我不会继续再安慰你了。""除了从我这里获得安慰，你还可以做些什么？"

一旦你从亲人那里听到这样的话，这就是提醒你要停止寻求安慰并开始积极应对。我再次推荐你列出三个可替代的活动清单，并实施这个清单。

你可能会发现，对你最有效的替代活动会因你所寻求的安慰而有差异。如果你是在晚上与伴侣聊天时寻求安慰，那么一档可以分散你注意力的电视节目就是一个不错的选择。如果你在孩子参加生日聚会途中给你的母亲发信息，要求她确保你的孩子不会被在场的大孩子们撞到，那么快速的正念想象练习（比如溪流上的树叶）可能会很有帮助。你可以在不同的情况下尝试不同的活动，看看哪种对你最有用。

担心自己会伤害到孩子？

到目前为止，我们一直专注于发生在你或你的孩子身上的可怕事情的焦虑。有些新手妈妈还有一种与伤害相关的焦虑，即她们担心自己会伤害到孩子。这种焦虑有两种类型：第一种是担心自己的经验不足或能力缺乏会在无意间伤害孩子，这种焦虑通过接纳焦虑和思考事实的正念练习比较容易缓解。第二种是伤害孩子的强迫性暴力想法，这种比较严重，我将在下一节"什么时候需要寻求专业帮助"进行讨论。

戴尔德丽就是担心自己无能的妈妈类型，她认为自己无法带好孩子。她没有弟弟妹妹，也很少接触孩子，在没有生儿子之前，她甚至以为宝孕高（Ergo）[1]是一个咖啡机牌子。她担心自己带孩子的时候一不小心就会做错，比如把儿子摔了，或者用力按了他的囟门[2]导致他进医院。

我对戴尔德丽做的第一件事是认可她的焦虑。她当然会有焦虑，毕竟她以前从未养育过孩子。我告诉戴尔德丽，除非你亲自养育过孩子，我这里指的是全天候照顾的那种，否则你根本不会觉得自己能胜任母亲这个身份。这也是我要告诉所有新手妈妈的。当然，你的朋友伊丽莎白可能会以为，去年夏天她在海边帮别人照看了三个四岁不到的孩子，这足以让她做好当妈妈的准备。我会对她说：等着吧，等到凌晨两点孩子还在吐奶—拉屎—哭闹之间切换或无缘无故拒绝吃奶时，你就会知道，给别人看再多次孩子都无法让你做好做母亲的心理准备。

这是陈词滥调，但却是事实：唯有**经验**能缓解你的无能之感并提升你的自信心。任何生过多胎的妈妈都会告诉你，生第二胎的时候才会轻松一些，因为这个时候你已经知道怎么照顾好孩子了。同时，考虑一下哪些证据表明你的无能会危及孩子、哪些事实证明你已经把孩子照顾得很好，又有哪些事实表明你没做好。在第8章中我们会继续讨论觉得自己无法胜任母亲的这个问题。

---

1 诞生于2003年的美国婴儿背带品牌，以符合人体工学及舒适实用著称。
2 婴幼儿头部颅骨结合不紧所形成的颅骨间隙。

什么时候需要寻求专业帮助？

大多数妈妈都会担心自己偶尔会在无意中伤害孩子，但有些妈妈还会不受控制地出现伤害或杀害孩子的强迫性想法。我们在第 2 章中谈到，妈妈们对孩子感到束手无策，以至于有时想把孩子扔出窗外，但我在这里说的不是这种情况，我指的是那些经常有强迫想法的妈妈，她们真的会失控并对孩子施暴，尽管她们内心也不希望伤害孩子。

例如，朱厄妮塔一直幻想自己拿刀砍儿子，这让她惊恐万分。她不相信自己真的想伤害儿子，但她又无法把刀从她的脑海中抹掉，她担心自己可能会在疯掉后真的做出这种事。她一整天都在反复检查厨房里的刀具，确保它们还在原来的地方，她还经常检查儿子身体上是否有刀伤。

我向你保证，朱厄妮塔不是怪物，她罹患了想伤害孩子的产后强迫症[1]（这是一种非常常见的产后强迫症症状）和强迫性检查行为。这种伤害偏执和强迫性行为会击垮像朱厄妮塔这样的妈妈。

如果你也有这种伤害孩子的想法，你需要知道，想象这种事并不意味着你真的会做，也不意味着你想做。找我咨询的这类妈妈们都是非常有爱心、非常细心的妈妈，她们被自己脑海里闪过

---

[1] 产后强迫症指发生在产后的一种强迫症状。与普通强迫症状不同的是，产后强迫症状多数是指与伤害婴儿有关的与自己意愿相违背的外来的侵入性念头，而不会产生伤害婴儿的行为。

的这些场景吓坏了。

幸运的是，暴露对这种强迫症非常有效。虽然你可以自己试着进行与伤害孩子相关的暴露，但我还是强烈建议你找一个专业的心理治疗师来指导你。进行伤害孩子相关的暴露会引发严重的焦虑，而在持续的专业支持下，你能做得更好。

我一直在讨论与伤害孩子有关的强迫症，但我想强调的是，不仅仅是出现想伤害孩子的担心才需要寻求心理治疗专家的帮助，任何一种焦虑，无论是你或孩子生病，还是其他大小事，只要这些问题很严重或你无法承受，以至于我在本章和第4章介绍的策略都无法有效解决时，你就必须寻求专业的帮助。

预防病毒风险：新冠肺炎疫情的启示

对我的很多来访者来说，新冠肺炎既是第4章中所说的对大事的担忧，也是第5章中所说的对健康或安全的担忧。当然，和所有令人担忧的大事一样，有充分的证据表明，新冠肺炎对健康和安全是存在真正威胁的。但是，正如我们在本章前面所讨论的焦虑类型一样，为了保护自己和孩子的身体健康，我的很多来访者经常会使用回避、检查、寻求安慰和消毒策略，这样反而损害了孩子的心理健康。

为了帮助我的这些妈妈来访者应对新冠肺炎这个大威胁，我用得比较多的是第4章中介绍的策略。我推荐通过**正念**来练习接纳无法控制的事情，并建议她们设立与**价值观**相一致的目标来获得掌控感，包括采取适当的**安全预防措施**来保护自己和孩子的安全。此外，我的很多来访者也积极参与了社区的防疫工作并从中获益。

我还经常提醒妈妈们，在这段艰难时期要进行**自我关怀**，并建议她们日常性地留出"担心时间"和自我关怀时间，同时控制看新闻或社交媒体的时间。最后，我建议妈妈们选择一个**权威网站**来获取和新冠相关的信息，并提醒她们**注意思维陷阱**（尤其是以偏概全）会影响她们对疫情的风险判断。我进行了很多基于证据的对话，谈论如何利用证据来做决定，以及考虑某些选择对身心健康的影响的重要性，例如，孩子居家期间很痛苦，要不要送他去托儿所。我经常提醒妈妈们，这些问题没有正确答案，她们的决定需要基于证据，也要考虑到她们的孩子及环境的特殊情况。

帮助那些在回避、消毒、寻求安慰和检查方面走了极端的妈妈们是很棘手的。我不能要求她们做我以前让她们做的暴露练习，比如去医院触碰候诊室里的东西。

下面是这些妈妈和我最终发现的最有效的应对策略：

1. **设计基于证据且非高风险的现实情境暴露**。例如，让一个不敢出门的妈妈尝试渐进式的"社交距离暴露"：从在家附近短距离散步开始，逐步发展到戴着口罩参加邻居家的后院烧烤。
2. **通过记录"灾难性疫情场景"进行想象型暴露**。例如全家人都感染了新冠肺炎。

3. **设定安全基本规则**。我会再次要求妈妈们基于证据来确定那些环境是否让她们放心,让妈妈们制订详细且合理的计划,列出她们将采取哪些具体步骤来进行消毒和清洁,并建议她们对消毒和清洁次数设置严格的限制。
4. 在新冠肺炎疫情期间,目标检查和寻求安慰是一个突出的问题,我们就像正常情况一样采取同样的做法即可。

我们在新冠肺炎疫情时期的经历将永远改变我们对传染病风险和安全的态度,在可预见的未来,也许是永远,我们必须把病菌视为一个严重的健康问题加以重视,并做出相应的反应。

第6章

"我还要赶着送女儿上舞蹈班，哪有时间化妆打扮？"

照顾孩子的同时照顾好自己

晚上七点半，乔安妮对她的双胞胎孩子说完"晚安"并关上孩子卧室的门后，松了一口气。五点半下班回家后，她一直忙个不停，把孩子们安顿好，吃饭、洗澡。当她正要扑通一声坐在沙发上时，才想起孩子们吃饱了，但她自己还没吃晚饭，也没吃午饭。为了下午可以准时到托儿所接孩子，她整个中午都在忙工作上的事，从早上九点钟到晚上七点钟，她只吃了一个谷物棒、一块同事给的生日蛋糕，还有从自动售货机买的爆米花。她知道应该给自己做点儿东西吃，但根本没有力气站起来做饭。

苏妮塔是一个有两个孩子的全职妈妈，孩子一个一岁、一个三岁。她发现自己的生活既忙碌又无聊，她几乎没有休息时间，有时她觉得自己被困在家里了。一位朋友建议她在工作日的下午雇一个人来帮忙看一小时孩子，这样她就可以出去办事，也会有一些自己的时间。然而，苏妮塔认为，雇用保姆是很自私的行为。在她看来，只有职场妈妈才配雇用保姆，如果选择做全职妈妈，就必须待在家里照顾孩子，这就是她的工作，而雇用保姆是一种自我放纵。

马蒂出生后,我收到了按摩券这份比较贴心的礼物。我迫不及待地想用这张券去做按摩,但我需要事先做很多计划,包括让孩子奶奶帮忙看孩子、在马蒂的哺乳间隙去体验。我终于安排妥当并飞奔到按摩店,遗憾的是,当我把脸朝下趴在按摩床上时,我肿胀的乳房开始疼起来。在整个按摩过程中,我一直在担心我的胸部,觉得我应该尽快回家给马蒂喂奶。按摩一结束,我就飞奔回家,看到的是一个尖叫的婴儿和一个焦头烂额的奶奶。给马蒂喂完奶,我已经筋疲力尽、饥肠辘辘。老实说,我甚至都不记得自己做过按摩。

在妈妈们怀孕期间,所有人——医生、伴侣、亲人,甚至是街上的路人——都会把注意力放在妈妈身上,把她们当作娇弱的花朵来呵护,保证她们吃好、睡好,可以随时寻求帮助。但是,一旦孩子出生,这些娇弱的花朵就会枯萎,所有的资源、所有的阳光和水都会流向新生的孩子。

毫无疑问,当你成为母亲之后,照顾好自己会变得更加困难。首先,照顾年幼的孩子几乎占据了你所有的时间和精力,能留给自己的极少。更重要的是,很多母亲会认为,为了孩子牺牲自己的快乐和幸福是她们的职责。很多人都讨论过或写过"殉道式母亲"(mother-as-martyr)这个概念,抑或是"牺牲式母亲"(sacrificial mother)[1]这个概念。对于这种妈妈,如果没有百分之百

---

[1] 出自朱迪思·沃纳(Judith Warner)的《完美的疯子:焦虑时代中的母亲》(*Perfect Madness:Motherhood in the Age of Anxiety*)一书。

为孩子付出，她们就会感到极度内疚。她们认为，孩子应该时时刻刻占据妈妈大脑中最重要的位置。

但"牺牲式母亲"不明白的是，适当的自我照顾对母亲来说至关重要，事实上，这可能比生孩子之前还要重要。如果我们想照顾好孩子，我们就必须保持良好的身心状态。此外，正如我们在第 3 章中讨论的那样，追求对我们有意义的事情可以让我们保持对部分关键身份的认同感，这也会给我们提供一个与孩子无关的情绪和压力宣泄渠道。

最近，妈妈博主们一直在强调自我照顾不仅仅是去做美足美甲，这一点非常重要，因为以往女性往往把自我照顾等同于去美甲店。对我来说，自我照顾是指定期给自己安排休息时间，专注于给身体和大脑充电，比如获得充足的锻炼和睡眠、追求自己的爱好。可以让你的孩子看会儿电视，这能让你有一刻的独处时间，也可以在有需要的时候接受别人的帮助。此外，正如我所了解到的，自我照顾不是一次性的事情，你不能指望做一次按摩就能恢复活力，你需要把自我照顾纳入你的日程表，并坚持将其日常化。

全职妈妈就不配雇用保姆吗？

苏妮塔认为雇用保姆是"自私"的做法。很多"牺牲式母亲"告诉我，她们不可能寻求帮助，也不可能进行身体锻炼或培养爱好。难道在签署做母亲的"协议"时，她们没有考虑到不管自己的心情或压力如何,都需要全天候投入吗?

当我听到妈妈们发表这种关于自私的言论时,我会提醒她们,照顾好自己和自私之间有很大的区别。遗憾的是,很多妈妈没有看到这种差异。在我看来,在工作日雇用一小时的保姆,对于像苏妮塔这样的全职妈妈来说,可以有效帮助她获得大脑所需要的休息时间,并能够精神焕发地重新投入照顾孩子的挑战之中。苏妮塔觉得只有职场妈妈才有理由雇用保姆。但事实是,做任何可以改善你身心健康的事情都不需要理由。

重新制订日程表

是时候拿出你的"价值观备忘录"和你在阅读第 3 章时制订的时间表了,我希望你已经制订了基于价值观的小目标。在这一章中,我们将讨论一些可以添加到你的日程表里的事情,比如身体锻炼、饮食和休闲活动。正如第 3 章提到的,为日常生活设定常规可以增加实现自我照顾目标的可能性,也可以给你日常生活提供指引框架,并确保优先考虑对你来说重要的事情。

照顾好自己的身体

还记得当你怀孕时,你是多么重视营养、饮食和睡眠吗?现在你同样需要重视这些事情,你只有精力充沛、身强体壮,才有能力保证小生命的营养、舒适和安全。

吃好睡好：不只孩子需要！

请你思考一下，为了确保孩子睡好吃好，你投入了多少的时间、精力和金钱？也许你买过不下 50 款白噪声机，希望找到能成功哄孩子入睡的一款；也许你花了好几个小时按照有机菜谱制作果蔬泥；也许你和伴侣花了好几个小时讨论如何让孩子不在凌晨四点哭闹。

为什么要做这些事情？因为儿科医生告诉我们，良好的饮食和睡眠习惯对孩子的成长和发育很重要。因为我们都同意，睡不好吃不好的孩子就像《权力的游戏》(*Game of Thrones*) 里的异鬼（White Walkers）[1] 一样，他们会至少在精神上压垮你。

不吃不睡的大人也是怪物。不用我多说，你也知道睡眠不足和不良饮食对妈妈们造成的心理伤害。如果我们只靠 Cheez-It[2] 芝士饼干和每天三小时睡眠活下去，我们本就容易波动的情绪会变得更剧烈，我们会更容易感到焦虑、内疚、悲伤和不知所措，我们的认知能力会变迟钝，这会导致我们更加无法有效管理情绪。

我并不是建议你优先考虑自己的睡眠和饮食而不管孩子，我只是建议你至少把自己的睡眠和饮食列入你的优先事项清单。为了帮助你做到这一点，我列出了下面这些策略，以最大程度地保障你的饮食和睡眠。

---

[1] 乔治·马丁所著奇幻小说《冰与火之歌》中来自塞北永冬之地的一种神秘而恶毒的生物，身形高大、枯槁，肤色苍白，眼睛如冰一般湛蓝深邃。
[2] 美国家乐氏旗下的一个生产奶酪小饼干的零食品牌。

健康睡眠小妙招

我很幸运,认识一位睡眠行业的朋友,她是《女性克服失眠指南》(*The Women's Guide to Overcoming Insomnia*)的作者谢尔比·哈里斯(Shelby Harris)[1],她分享了一些新手妈妈如何获得休息的建议。

1. **孩子睡觉时跟着睡**。如果你的孩子是新生儿,宝宝睡觉时你也要跟着睡。即使你无法真正入睡,也要试着在安静、放松的环境里让你的"妈咪脑"得到片刻的安静。记住,不要利用这段时间来回复消息。

2. **跟伴侣分担起夜的工作**。跟伴侣一起制订分担起夜的计划,比如你上半夜睡、你的伴侣下半夜睡。即使是在哺乳期,也要让你的伴侣帮忙做其他事情,比如给孩子换尿布或抱孩子,这样可以增加你们两个人各自的睡眠时间。

3. **把睡眠放在首位**。孩子睡着后的时间是你唯一的独处时间。如果在这时熬夜刷社交媒体,会影响你的睡眠和健康。因此,即便经常被孩子打乱,你也需要坚持规律作息。

4. **寻求帮助**。如果您的宝宝已经不止 6 个月大了,但晚上仍然不能很好地睡一个整觉,可以考虑咨询儿科医生或睡眠专家。越早让宝宝的睡眠步入正轨越好。

---

1 爱因斯坦医学院临床副教授,执业临床心理学家,专攻行为睡眠医学领域。

健康饮食小妙招

以下是一些把健康饮食放在第一位的建议。

1. **确保你能认真吃饭**。如果你是那种经常应付吃饭的妈妈,可以制订每日的饮食计划,并把它添加到你的日程表里。我建议你把目标定为保证每天吃三餐再加两到三次零食,这是我从多年治疗饮食障碍者[1]的 CBT 中借鉴的指南。
2. **准备健康又快捷的食物**。如果你的家里只有孩子吃的蔬菜泥和土豆片,你是无法养活自己的。列一个快捷又健康的食物清单,并在家里存放充足的食材。
3. **给孩子做饭的时候顺手给自己做一份**。如果你花时间给孩子准备食物,为什么不同时也给你自己做一份呢?如果你已经把水果和蔬菜拿出来了,那也给自己切一些吧。
4. **不要为了产后减肥而控制饮食**。产后的饮食目的是让自己摄入足够的营养并保持活力,不要为了减重而控制热量摄入。若你正在哺乳期并急需热量的话,则更要如此。如果你对自己产后的身材不满意,并觉得有必要控制饮食,请参阅后文"很在意产后身材怎么办?"一节的内容。

---

1 饮食障碍(eating disorder, ED)指以进食行为异常,对食物和体重、体型的过度关注为主要临床特征的综合征。在精神障碍分类中归类于"与心理因素相关的生理障碍",也是心身医学中常见的一类心身疾病,主要包括神经性厌食和神经性贪食。

注意，我说的是"最大程度地保障你的饮食和睡眠"。我们都知道孩子的行动是不可预测的，尤其是他们的睡眠。即便是精心计划准备吃一顿像样的饭或睡一个踏实觉，也可能被一个乱扔食物的婴儿或一个凌晨两点还在玩玩具的孩子给打乱。尽管如此，如果你下定决心把吃好睡好列入你的日程表，至少能确保在某些日子里睡得好、吃得好。这肯定比什么都没有强！

动起来！

西娅有一个小婴儿和一个学步的孩子。在有孩子之前，她偶尔会锻炼一下，但自从有了孩子之后，她一直无法让自己动起来。作为新手妈妈，她总是感觉很疲惫，没有什么空闲时间，也不想把时间浪费在锻炼上，说实话，她真的不喜欢锻炼。她家里没有运动器材，也没有办健身卡，即使办了健身卡，她也不一定会去。如果连从沙发上站起来都很困难，她又怎么会有动力开车去镇上的健身房锻炼呢？

和西娅一样，除非新手妈妈真的喜欢锻炼，要不然她们很难将锻炼放在首位。当然，你也知道锻炼对你有好处，对心脏好，还能帮你恢复能量，而且研究发现，经常锻炼可以改善情绪，缓解焦虑和压力，这和我们的目的是一致的。正如我们在第 3 章讨论的那样，实现基于价值观的锻炼目标可以让我们有很强的满足感和价值感。

在下面的方框中，我分享了一些如何将锻炼融入日常生活的小妙招。当然，这些建议不是给那些为了晒自己仰卧推举 6 个月大双胞胎照片的人准备的，而是为那些重视锻炼，也想多运动却又无法实现的妈妈们准备的。

锻炼小妙招

1. **想想你在家可以做什么运动**。现在有很多软件和网站可以指导你进行简单的居家锻炼。
2. **能走路就尽量走路**。忘掉椭圆机吧，对新手妈妈来说最有价值的运动器材是婴儿车。散步就是很好的锻炼，还能让你和孩子一起走出家门、呼吸新鲜空气、看看风景。
3. **争取一些生活化锻炼**。"生活化锻炼"（lifestyle exercise）是指你在做其他事情时趁机进行锻炼。比如，把车停在离目的地较远的地方，这样你就可以步行前往，选择走楼梯而不是坐电梯，甚至是携带沉重的儿童器材。
4. **和朋友一起锻炼**。你需要有人来激励你锻炼吗？可以考虑制订一个和朋友一起锻炼的计划，这个做法还有额外的好处：如果你重视与朋友的交往，这是一项一举两得的活动！
5. **请记住，锻炼不在乎量或类型**。和社交媒体上的妈妈仰卧推举双胞胎并打上"碾压它"标签不同，你才不需要什么标签。只要让你的身体动起来，任何舒适可行的锻炼都是可以的。
6. **利用好日程表**。为了保证顺利完成各种形式的锻炼，即便是短短 7 分钟的快速锻炼,你也需要将锻炼纳入你的日程表并提前做好计划。否则,你的注意力会被堆积成山的要洗的衣物和电视上精彩的马拉松比赛拉走。

很在意产后身材怎么办?

一些娱乐杂志、妈妈博主和育儿网站都在热议产后减肥,把减肥搞得像一项竞技运动。这是一个严重的问题,原因有很多方面:首先,这会让妈妈们认为她们产后必须立刻减肥,鉴于新手妈妈的时间和精力有限,这极难做到。其次,它向新手妈妈传递了这样一个信息——如果她们维持着产后体重,她们就没有吸引力,而如果她们能够狠一点儿,体重就不是问题了。最重要的是,它会诱使一些妈妈进行不健康的节食和过度运动,这显然对她们的身心健康有害。

我尝试向妈妈们指出,她们的身体经历了生育,这已经很了不起了。我建议她们看到这一点,而不是只关注体重增加。我也尝试让她们看到社交媒体上真实的产后身材照片,但说实话,我发现这些都不起作用。的确,很多妈妈为怀上孩子高兴,但她们也想回到生孩子前的体型,看到梅根·马克尔(Meghan Markle)[1]产后 3 周的身材看起来像超模,这只会放大妈妈们的焦虑和减肥欲望。

---

1 美国演员,英国哈里王子的妻子。

显然，不仅在产后阶段，女性的身材在女性生命的每一个阶段都是一个矛盾又复杂的话题。遗憾的是，没有任何便捷的 CBT 策略可以迅速改变社会对美的评价标准，或者说服妈妈们相信内在才是最重要的。不过，你可以做一些事情来减少对身材的关注，下面是一些我对产后身材管理的一些建议。

不推荐做的

1. **沉迷于查看自己的照片**。如果你总是盯着自己的照片看，甚至盯着朋友或家人在社交媒体上发的照片看，你的脑海里就会充斥对身体的负面看法，不管你是否怀过孕。在第 5 章我们讨论身体检查的时候，我指出，如果你过分留意与自己的身体健康相关的症状，你总会发现一些症状。这对于身体缺陷也是成立的，如果你总是盯着自己的照片，你也一定会发现自己的大腿太粗、腰上赘肉太多或者眼角有了鱼尾纹。

2. **总是察看你的身体**。上面所说查看照片的问题也适用于盯着镜子中的产后身体看，如果你总是留意大肚腩、大腿凹陷等不受欢迎的女性身体缺陷，你一定会发现一些缺陷。正如在治疗饮食问题和身体意象的 CBT 时所讨论的，你花越多的时间仔细检查你认为的身体缺陷，这个缺陷就越让你感到不舒服。任何对着镜子端详脸上痘痘的人都懂，最后你眼中就只有这颗痘痘。

3. **试图把自己塞进旧衣服里**。如果每次新手妈妈抱怨穿不上之前买的昂贵牛仔裤，就要给我一毛钱的话，我早就赚够买好几条昂贵牛仔裤的钱了。锲而不舍地试穿旧衣服却发现不合身是令人泄气和沮丧的事，当你穿不进去还硬塞进去，你就会不停注意到穿上之后的不舒适感。这会每隔5秒钟给你一个提醒："你已经胖到无法穿上这些以前合身的衣服了！"

4. **一直站在体重秤上**。我经常听到的情况是，妈妈们痴迷于站上体重秤，想看看她们产后掉了多少斤。不断称体重会让你总是关注自己的体重，饮食障碍专家建议一周测一次体重就够了，这样既能帮助你了解自己的体重情况，又不会让你过度关注。

推荐做的

1. **吃得好、适度运动**。详见前文。
2. **买几件新衣服穿**。穿不进怀孕前的衣服让人泄气，产后还一直穿孕妇服也一样难受。谁会喜欢腰间一直系着难受的松紧带呢？考虑出门买几件你现在能穿得上的舒适、合身又时尚的新衣服，不要去买那些你需要瘦10斤或20斤才能穿得上的衣服。穿上舒适又漂亮的衣服，才会让你对自己的外表更加自信。
3. **专注于你能控制的事情**。正如我们已经讨论过的，产后体型和体重控制非常困难，但是控制你外表的其他方面就容易得多，比如你的发型和妆容。我知道现在有的妈妈不在乎自己的外在形象，并对自己邋里邋遢、披头散发、穿着瑜伽裤的样子引以为豪。但是，如果你认为外表得体才能让你内心感觉良好，那么可以考虑在你的日程表里添加一些打扮活动。盘点一下你认为很重要的事情，例如做发型、化妆、定期去做美甲，并把它们增加到你的日程表上。

4. **试试镜子暴露疗法**。镜子暴露疗法是 CBT 中用于治疗饮食障碍和身体形象问题的一种策略,就像对着一个透明人一样,在你觉得舒服的状态下脱掉衣服,看着镜子中的自己,用不带评判的语言从头到脚描述你身体的每一个部位。这样,你的注意力会放在整个身体上,而不是只看到你不满意的腹部或大腿。在观察不同的身体部位时,留意它们的形状、长度、宽度、颜色、比例和功能。不要在某一个身体部位上花太多或太少时间,随着你的注意力在身体上移动,给予每个部位同等的关注。

进行镜子暴露练习的目的是帮助你更全面地看待自己的身体,改变你只关注有问题的部位的习惯。这就意味着,你要使用更为客观的描述,用"曾经帮助我跑进州田径决赛的肌肉粗壮的大腿"替换"和树干一样粗的大腿",用"有赘肉和妊娠纹的肚子,这是最近生了孩子的结果"替换"肥大的肚腩"。在整个过程中要留意自己的感受和判断,不要试图转移注意力,关注它们原本的样子即可。

妈妈博客和网站上会有一些鼓舞人心的身体表情包或段子,这些表情包通常是未修过图的产后身体照片,配上一些鼓舞人心的话语,比如"这些妊娠纹都是你超级努力的见证,你是个了不起的妈妈!"。但你会惊讶地发现,镜子暴露练习的效果比看到这些表情包或段子会更好。

5. **质疑你所做的比较**。那些没完没了的关于产后减肥的文章和帖子往往都会配上名人的照片,她们在产后 2 周的身材看起来好得令人发指。你可能会拿自己和这些人做比较,或者和你在社交媒体上随机看到的妈妈们做比较,甚至和日常生活中遇到的路人做比较,但这些比较往往是非常不公平的。当然,社交媒体上的那位女士或街对面那位妈妈确实可能在刚生完孩子后立刻恢复了苗条的身材,但是你知道她付出了什么代价,牺牲什么才变成那样吗?有没有可能这些女性(尤其是名人!)拥有你无法企及的资源,比如私人教练,或者在她们运动时有人帮忙看孩子,以及有私人营养师来帮助她们快速减肥?

如果你老是忍不住比较,并因此感到焦虑且更在意体型,一定要质疑这些比较,可参见第 7 章关于处理比较问题的内容。

6. **在需要时一定要寻求专业帮助。** 如果你在身材方面出现严重的或持久性的问题,包括饮食或与运动相关的问题,我建议你向专门解决这些问题的专家寻求帮助。

整理床铺:找回一些生活的掌控感

在 2014 年一场毕业典礼演讲上走红的美国退役海军上将威廉·H. 麦克拉文(William H. McRaven)[1]盛赞整理床铺的好处。这位海军上将说,整理床铺确保你在一日之初就已经完成了一个目标,有助于你在后续一天中完成更多的目标。他认为,如果你不能先征服小的任务,就不能指望自己能够征服更艰巨的任务。如果你今天感觉很糟糕,那么至少在回家时你还有一张整洁的床。

---

[1] 美国特种作战司令部司令。

我记得我是在生完萨姆休产假时读到这篇演讲的,它立刻引起了我的共鸣,部分原因是我曾在露宿营待过8个夏天,努力学习医院床单折角叠法。但我也意识到,整理床铺等看似琐碎的家务对我和其他新手妈妈来说可能真的很重要,正如麦克拉文上将所说的那样,整理床铺会给妈妈们带来成就感,使她们能够以美好的事情开始新的一天,并确保妈妈们晚上有一个避风港。我还认为整理床铺和做其他家务,可以让妈妈们在育儿的早期阶段不至于那么手忙脚乱。

当你的孩子还小的时候,很多事情是你无法控制的,比如你的孩子是否吃好、睡好(详见第8章)。不用说,失去掌控感往往会使我们容易过度焦虑,但铺床是你能控制的事情。至少对我来说,看到铺好的床可以提醒我,我确实还能掌控我的部分生活,至少我的卧室可以保持整齐。如果长颈鹿苏菲(Sophie)[1]和她的动物朋友散落一地,至少我可以把我的床视为一片混乱之中的平静岛屿。

你可能会想:建议我把做家务作为一种自我照顾的方式,这个疯女人是认真的吗?请注意,我并不是叫你做很耗时的事情,比如清理浴室、每天用吸尘器把家里里外外打扫一遍,或者处理自孩子出生以来一直想写但没写的那一堆感谢卡。我只是建议你完成一些非常简单的家务,比如整理床铺,这样会让你获得**成就感和掌控感**,也会为你接下来一天的工作开个好头。如果你一天

---

[1] 国外一款比较流行的婴儿磨牙玩具。

都没有做成什么事,至少在这一天结束时,你还有一个整洁和诱人的床铺可睡。

电子产品也可以是救命稻草

作为妈妈,你一定读过大量关于电子产品对幼儿的危害的文章。电子产品会腐蚀他们的大脑!电子产品会把他们变成僵尸!电子产品会让他们变得反社会!我也读过这些文章,并下决心让马蒂每天看教育类电视节目最多一小时。我和我的朋友分享了这个想法,虽然他们对孩子可以看多长时间的电子屏幕有不同的看法,但我对自己的决定充满信心。

然而,我的自信大概只保持了 8 个月,直到新泽西州寒冷的冬天迫使我和马蒂一起在家里待了好多天。好几次,我发现自己被一个已经看了一小时《芝麻街》(*Sesame Street*)[1]的暴躁孩子缠住,我知道给他再看一小时可以让我恢复理智,但我又对电视可能给孩子造成的伤害感到极度内疚,所以我不允许他再继续看下去。这个问题在萨姆身上变得更加棘手,他不喜欢看《芝麻街》,只喜欢看网络上大人玩玩具的视频。如果我让他随便看一些没有教育意义的无聊视频,那我算哪门子的母亲呢?

现在回想起来,在那些巨冷无比,孩子又老是耍脾气的日子里没有让我的儿子们多看会儿电视,我真的后悔不已。因为不管

---

1 美国一档儿童教育电视节目。

说教的文章怎么说，我确信这样做不会对他们造成太大的伤害，反而对我有很大帮助。一小时的空闲可以让我获得急需的休息时间，我可以通过正念练习、锻炼身体或干其他事情来平息我大脑中的噪声。

现在，当我看到妈妈们跟我一样制定死板的看电视时间规则时，我会建议她们灵活处理。我给她们分享我的**战略性电子屏幕时间**建议，换句话说，如果电子产品可以安抚孩子或父母，那就要有策略性地利用。我的个人经验足以说明，当你和孩子的情绪快要崩溃时，电子屏幕可能是最后的救命稻草。

追求自己的兴趣爱好

在第 3 章中，我们详细讨论了如何明确你的价值观，并基于价值观安排行动。在这里我觉得有必要提醒你，追求你所热爱的活动，无论是运动、旅游还是手工编织，都是自我照顾的一个重要组成部分，也是保持身份认同的一个重要方式。

你可能还记得，我曾强调在制订基于价值观的行动计划时要有创造性。在追求爱好时，这一点也尤其重要，因为像手工和唱歌这种事情不一定在新手妈妈必做清单上排名靠前。为了说明怎样创造性地投入你的爱好之中，我将以来访者马拉[1]为例。她是

---

[1] 第4章中出现的父亲确诊癌症的马拉（Mala）与这里热爱旅行的马拉（Marla）并非同一人，只是译名相同。——编者注

一个不折不扣的旅行爱好者,以至于她都不确定自己是否想要孩子。休产假在家时,马拉感到很挣扎,别说去她想去的地方旅行了,她甚至哪里都去不了。

马拉和我讨论了如何以更小、更可行的方法来满足她对旅行的爱好。她罗列了当地允许开车的公园名单,然后带着婴儿车尽可能多地游览这些公园。她还记得她的大学开设了在线课程,并在课程中搜索介绍国外的讲座,以便在有需要的时候观看。我还建议她写一份短途旅行清单,包括一日游,甚至等她儿子稍微大一点儿时可以实现的两日游。当然,我还建议马拉把这些活动都加入她的日程表里,这样她就能尽可能地去实现。显然,国外游短期内对马拉来说是不现实的,但她至少还是可以把小范围的旅行变成她生活的一部分。

花点儿时间研究你的"价值观备忘录"里"**娱乐/休闲/爱好**"部分,留意那些你看重的活动,并**创造性**地思考如何将它们纳入你每周的生活之中。即使是短短几分钟的基于价值观的休闲活动,也可以大大减轻你的压力,帮助你重新找回自我。

寻求帮助!

你可能会同意下面这种说法:你自己一个人很难应对焦虑、情绪、疲劳、压力,所以让你的伴侣、父母、兄弟姐妹、岳父岳母、朋友或邻居帮你带孩子出去玩一会儿、听你倾诉、帮你办事、紧急时刻给你带巧克力蛋糕,之后你就会觉得精神焕发,准备好迎接下一个育儿挑战。是不是很有道理？

我希望寻求帮助真的能如此简单。我花了很多时间来说服妈妈们在有需要的时候一定要寻求专业的帮助，但出于种种原因，很多妈妈都在挣扎。有些人，特别是那些"牺牲式母亲"，认为照顾孩子是只属于她们的责任，寻求帮助就是偷懒的表现。一些妈妈认为寻求帮助就意味着失败，一旦寻求帮助，就宣告了你无法胜任妈妈这个工作。一些妈妈迫切希望得到帮助，也愿意接受帮助，却不主动寻求帮助，而是期望他们的亲人感知到她们的需求并提供帮助。还有的妈妈，虽然理论上认同应该寻求帮助的观点，但又不相信亲人能像她一样照顾好孩子。

有些妈妈单纯对寻求帮助这种行为感到不适，我经常听到这种话："我天生不喜欢麻烦别人。"对一些人来说，这是社交焦虑或害羞的表现，请求他人帮助会让她感到紧张，使她们担心给他人带来不便。至于另一些妈妈，则是因为不管发生什么，她们总是坚持"女人要自立自强"的心态。

如果你因为以上任何一个或全部原因而不愿意寻求帮助，我强烈建议你开始挑战自己，在需要的时候伸出求助之手。在你的焦虑、悲伤、暴躁等消极情绪已经发展到了无法挽救的地步，并可能导致你崩溃之前，你要能够寻求帮助。下面是一些有效寻求他人帮助的策略：

1. **直接说出你的请求**！你可能知道自己有多大压力，但你的朋友和家人可能不知道，至少在你明确告诉他们之前是不知道的。

我曾给很多妈妈做过咨询，她们以为亲人应该知道她们在挣扎并应该及时帮助她们。当这些亲人没有帮助她们时，她们往往会产生愤怒和怨恨。老实说，这是不公平的。你怎么能指望你的伴侣、母亲或朋友读懂你的心思呢？不要以为所有人都知道你有多痛苦。

2. **求助要具体**。当你寻求帮助时，不要只是发出一般的求助信号，要具体说明你需要什么帮助、什么时候需要。周六你是否需要找人帮忙看几个小时孩子？你需要有人帮你去药店买尿布吗？你需要有人在你哭的时候听你倾诉吗？告诉别人你有压力且需要帮助是一个好的开端，但为了确保你真的能得到一些帮助，仔细思考一下你需要什么、别人具体要怎么做才能满足你的需求。

3. **发挥助人者的长处**。如果你有一个乐于助人的邻居，她不善于照顾小孩子，但喜欢去超市购物，可以请她帮你捎带一些东西而不是帮忙照看孩子。如果你有亲戚一直很想看你的孩子，请他们过来，并问问他们能否帮忙照看孩子，这样你就可以出去喘口气放松一下。如果你需要情感支持或建议，可以打电话给体贴入微、善解人意和有空的朋友（在第 11 章会详细介绍朋友的情感支持的重要性）。你甚至可以列一份潜在的助人者名单，并注明他们每个人擅长在什么方面帮助你。

4. **不要对别人的主动帮助吹毛求疵**。英语中有句俗语叫"获人赠马，休看马口"[1]，我经常和妈妈们讨论"赠马问题"。当有亲戚

---

[1] 原文是 "Don't look a gift horse in the mouth."，其真正意思是不要对别人送的礼物吹毛求疵，在这里结合上下文的需要做了直译。

或朋友主动帮忙看孩子时，妈妈们会对他们吹毛求疵，认为这些人不善于给孩子洗澡、唱摇篮曲、准备饭菜，于是拒绝他们的帮助。

如果很幸运有人想帮你照看孩子，并且你知道这个人会贴心照顾你的孩子，并保证孩子的安全，无论如何你一定要接受这份照顾！你可以利用这段时间好好休息，这最终会有助于你更有效地育儿。我跟你保证，即使你的孩子吃了糖果、晚上10点才上床睡觉，或看了3小时的电视，他们也会活得好好的。

5. **寻求帮助并不意味着你是个失败的母亲**。这是告诉那些担心寻求帮助就会证明她们是无用废物的妈妈们的。我希望你从本书所读到的所有内容中知道，所有妈妈都有焦头烂额的时候，做过妈妈的人都明白这一点。寻求帮助并不会让你变成一个无能的废物，相反，它会让你成为一个关注自己心理健康的妈妈，并在你的大脑超负荷时为你提供积极的应对措施（在第7章和第8章中，会有更多有关妈妈们试图表现完美却徒劳无功的讨论）。

6. **从小忙开始**。如果不论如何，向他人寻求帮助都会让你感到不舒服，那就从向乐于助人的人提出小的请求开始。如果你有一个非常友好的邻居，她的孩子已经长大，她又经常帮助别人，你可以请她在你不在家时帮个小忙，比如帮你取一下包裹。不断请慷慨的人帮小忙，直到你准备好提出更大的请求。我相信你会发现，只要你提出的请求是具体且合理的，亲人和朋友都会乐意帮助你，也不会觉得麻烦。如果你发现某个朋友或家人不方便帮你，可以把这个人从你的潜在助人者名单上划掉。你可以看到，我这里描述的就是一个寻求帮助的暴露计划。

我也意识到，对一些妈妈，特别是有社交焦虑或害羞的妈妈来说，即使她们遵循我上面给出的所有建议，寻求帮助对她们来说可能还是很难。如果你是这样的妈妈，请继续阅读本书，本书之后还会介绍更多的策略，让你在请求帮助时更轻松。

说"不"的重要性

- 担任孩子幼儿园的家委会糕点义卖志愿者
- 开两个小时车带你的孩子去探望姨妈
- 让你的孩子也参加"我和妈妈"音乐早教课，这样你朋友的孩子在班上就有伴了。

这些只是来访者马丁娜所面临的各种请求中的几个。马丁娜有一个女儿，每周她到我的办公室时都是满腹怒气，喋喋不休地抱怨孩子的幼儿园、她的亲戚、朋友，甚至是她的伴侣最近提出的要求。马丁娜发泄完后，我总是问她同一个问题："你是不是会答应别人的所有请求？"遗憾的是，她也经常对我说："是的。"

马丁娜和很多母亲一样，无法拒绝别人的求助。她告诉我，她这样做是希望其他人会喜欢她，尤其是其他妈妈。我完全理解，因为我也是一个讨好型的人。马丁娜还觉得，答应参与学校糕点义卖或探访姨妈是妈妈职责之一,这是我们之前讨论过的"牺牲式母亲"想法的一个版本。不管马丁娜是出于何种动机答应别人的求助,结果通常是她没有时间进行自我照顾或基于价值观的活动。

我认为很多人不会把偶尔一两次说"不"视为一种自我照顾,但从向我咨询的妈妈身上可以看到,说太多次"好的"可能会严重影响妈妈们的健康和幸福。妈妈们要不要说"好的",必须基于自身考虑,否则,她们的生活会被孩子、其他母亲或亲戚的需求所支配,这会不可避免地增加焦虑和压力,导致情绪低落和"妈咪脑"的耗竭。

根据我和妈妈们的治疗经验,以下是一些你完全可以说"不"的情况:

1. 参加孩子学校的志愿活动。严格来说,你可以参加,但你打心底里不想去时也可以不参加。
2. 参加你不想去的孩子活动。真的,你可以缺席几场小足球赛,让你的伴侣或孩子的祖父母代替你去,我敢保证,孩子不会记得的!
3. 开车带脾气暴躁的孩子去探望家人。
4. 给孩子报名参加一个你在时间上非常不方便的活动。
5. 带孩子去玩使她情绪激动并疲劳过度的游戏。

妈妈们通常很纠结要不要答应某一个请求。如果你是这种情况，我建议你重新回到久经考验的 CBT 技术，思考答应的好处和坏处。以下是马丁娜列出的同意让女儿和朋友一起参加"我和妈妈"音乐早教课的好处和坏处。

好处

- 对埃达来说可能很有趣
- 这对埃达来说是个改变
- 这会让我对约瑟夫的妈妈更有好感，我很喜欢她，也想跟她成为更好的朋友

坏处

- 要花钱
- 会打乱埃达的午睡时间
- 如果埃达午睡少了，我就更没有自己的时间
- 我受不了"我和妈妈"音乐早教课这种课
- 我实际上没有机会在课堂上和约瑟夫的妈妈聊天，而且一下课我们就必须回家睡午觉

请注意，这里有一些明显的好处，也有一些明显的坏处，我建议马丁娜同时考虑这两个方面，并决定她更看重哪一方。在反复比较后，尽管理论上这个课对埃达有好处，也可能帮助她和约瑟夫的妈妈成为朋友，她还是决定放弃这个课程。马丁娜真的不想上这个课程，一是因为她讨厌这种课程，二是因为这会影响埃

达的午睡，进而影响她白天唯一的休息时间。

当你权衡对孩子说"好的"的好处和坏处时，你可能会发现，**受益的是你的孩子，而受损的是你**。马丁娜就是这样，如果她答应上这门课，埃达会受益，因为上课对她来说是一种新的、可能会有趣的经历，但马丁娜会受苦，她会因此损失金钱、时间和午睡，如果我的经历有借鉴意义的话，还有可能会当众出糗，因为我曾在唱一首有关秋叶的歌曲时，为了抓住一条围巾，摔了个狗吃屎。再强调一下，我们都愿意为了孩子的需求而牺牲自己的需求，但是，如果在评估了孩子的请求后，你发现这件事情并没有什么很有说服力的好处，而对你的坏处却很明显，那就可以说"不"。

关于说"不"还有一点要注意：**如果你决定说"不"，不要为此道歉！**道歉意味着你做错了什么，为了你的心理健康而说"不"何错之有？直截了当地说你没有时间帮忙，然后各自回各自的家。如果你很难做到这一点，我们在后面还会详细讨论如何在各种关系中有效地说"不"，包括对伴侣（第 9 章）、对亲戚（第 10 章）和对朋友（第 11 章）。

下面，我把到孩子学校做志愿者这种妈妈们很难拒绝的请求单拿出来讨论一下。

如何策划志愿服务

我不打算撒谎，从我的孩子上幼儿园开始，只要学校要求做志愿者，我总觉得我应该答应。我知道，作为一个CBT治疗师，我应该反思我的行为。谁说我必须做志愿者？我答应做志愿者的好处和坏处各有哪些？带领一大群小朋友在学校书展的迷宫里穿行真的能给我带来快乐吗？还是只会增加我"妈咪脑"的压力？

我认识到，我做志愿者的压力很大程度是我自己给自己施加的，而且做志愿者有很多坏处，比如很耗时、很无聊、让我倍感压力。但老实说，我一直认为自己是一个积极参与孩子学校活动的家长，学校志愿服务符合我一贯的价值观，即我非常重视参与孩子的日常生活。

但我第一次做志愿者时，我真的一点儿都不开心。直到后来有一年，我自愿参加马蒂学校的主题日活动，家长们需要按照要求以"创新"为主题准备一个演讲。我决定讲我非常热衷的话题：林-曼努尔·米兰达创作的音乐剧《汉密尔顿》[1]。

我会相信幼儿园和一年级学生真的能理解亚历山大·汉密尔顿的说唱音乐多么具有革命性吗？也许不是，但他们似乎挺喜欢我播放的片段，我很高兴能够和他们分享我对戏剧的热爱。马蒂本人也是汉密尔顿的粉丝，他在观众席上喜笑颜开。自从那天之后，我意识到我可以只参与那些我感兴趣并能发挥我的优势的志

---

1 《汉密尔顿》根据美国第一任财政部长、美国开国元勋之一的亚历山大·汉密尔顿本人经历改编，由托马斯·凯尔导演、林-曼努尔·米兰达编剧、作曲及主演的音乐剧，于2015年8月6日在百老汇首演。剧中音乐以嘻哈为主，穿插了爵士、节奏布鲁斯、叮砰巷等多种风格的歌曲。来自不同国家不同肤色的演员们将几位开国元勋的历史通过嘻哈说唱等更能让年轻人接受的音乐形式传播出来。

愿活动。

如果你和我一样，重视参与学校志愿服务，可以选择性地参加一些活动，利用你的天赋和兴趣，让它给你带来乐趣。对那些不适合你的志愿服务说"不"，不管是出于压力、不方便，还是只是单纯不感兴趣。

不要忽视心理健康

通过阅读本书，你会开始关注自己的心理健康，因为本书的主要目的是帮助你应对成为母亲的认知和情绪波动。话虽如此，但是如果没有在自我照顾这一章中明确提到心理健康，那就是我的失职了。我们已经讨论了一些旨在帮助你应对压力和焦虑的策略，比如基于证据、暴露和正念。如果你正在积极练习这些方法，一定要把它们融入你的日程表里，并确保它们成为你日常生活的一部分。

此外，在整本书中，如果你发现你的焦虑、抑郁、身材、人际关系等问题难以自行解决，我强烈建议你向心理健康专家寻求帮助。我之前就提醒过，现在要再次提醒一下：**如果寻求心理健康支持可以帮助你变得更好，成为更好的母亲，那么寻求这种支持就没有什么可耻的。**

第7章

"为什么我的生活不像其他妈妈那样光鲜美好?"

网络时代难以避免的比较心理

那是一个早晨。卡西睡过头了，匆忙穿好衣服准备出门上班，而她的儿子却情绪失控，咆哮着说学前班里的同学偷了他的风火轮汽车。当卡西和儿子好不容易赶到学校门口，他们必须从一群"瑜伽妈妈"前面经过，这些妈妈们穿着紧身运动服，烫了头发，画着精致的妆容，领队的是她们的精神领袖玛迪·菲尔茨，她有着一头金发和一副无可挑剔的身材。卡西当时衣冠不整，头发散乱，当她把还在叫嚷的儿子送进学校时，她努力不和任何人产生眼神接触。卡西不明白为什么她无法像玛迪或她看到的其他穿瑜伽裤的妈妈那样，为什么这些女人拥有一切，而自己却处在崩溃的边缘。

瑞秋在生女儿之前就搬到了郊区，她渴望和其他妈妈交流，于是决定加入当地的妈妈在线小组，希望在那里能找到自己的圈子。但令她惊讶的是，这个网站页面更像是大型攀比现场，妈妈们经常晒孩子上的昂贵的音乐课、私立幼儿园，还有给孩子准备的有机食物。看了这些帖子后，瑞秋感到更焦虑。她要不要给艾米莉亚也报一个音乐班？如果没有让艾米莉亚上那个收费极高的幼儿园，会不会对艾米莉亚不利？她要不要扔掉所有的婴儿食品，替换成全新的有机食品？瑞秋非但没有从其他妈妈的帖子里得到安慰，反而对自己的育儿选择充满怀疑。

那是一个极其寒冷、沉闷的二月，我们住在美国东北地区，那里出现了气象学家所说的"极地漩涡"（polar vortex）[1]。马蒂和我都生病了，他发烧，所以我不得不在早上上班前把他送到我父母家。等我终于到了办公室，眼泪鼻涕一大把，我想先打开社交媒体放松一下，就看到一个大学同学发了一张照片，照片上光鲜亮丽的她带着宽边遮阳帽，旁边还有她的帅气老公和孩子们在阳光明媚的海滩上嬉戏。她的推文标题写着："逃离极地漩涡！"看到这张照片后，我内心有好几种冲动在搏斗：在网上匿名嘲讽我这个朋友一下；吃掉一整袋椒盐卷饼；把自己关在办公室再也不出来。我陷入嫉妒的漩涡之中不能自拔。

正如我们的故事所展示的那样，瑞秋、卡西和我都在和其他妈妈做比较，并因此体验到焦虑、嫉妒、内疚、自我怀疑等各种消极情绪。这种母亲之间的比较无处不在，因为你可以和无数的妈妈进行比较，比如朋友、家人、熟人、网上一抓一大把的妈妈们，可供比较的主题也是无穷尽的，比如如何平衡工作和家庭、你看起来怎样、你对孩子活动的投入程度如何、你的孩子处于什

---

[1] 一种持续的、大规模的气旋，只发生于地球的极地，介于对流层和平流层的中部和上部。

么发展阶段，激发比较的场景更是不胜枚举，幼儿园放学、生日聚会、足球训练、最隐蔽的互联网……

社交媒体是罪魁祸首。它所展示的他人生活都是精心修饰过的，妈妈们和家人的生活都好得令人难以置信、羡慕不已。你和这些社交媒体上的妈妈几乎没有可比性。研究表明，沉迷于进行这种社会比较的妈妈比其他妈妈更容易感到不知所措和沮丧，更容易认为自己无法胜任养育工作。当然，如果你自己就做过这种比较，你一定深有体会，无论是在社交媒体还是在现实生活中，做比较都会让你陷入糟糕的情绪之中。

在本章中，我们将着眼不同形式的比较。在第 8 章中，我们将专门讨论频繁的比较所引发的负面结果，即母亲的完美主义。

比较心理中的思维误区

大部分人只要发现某个人与我们有哪怕一丁点儿的相似之处，就会立即进入比较模式，无论这个人是现实生活中的还是网上的。我们在这样做时似乎是无意识的，就像我们的大脑中有一个默认设置，让我们迅速识别比较目标，对照目标评估自己，并在与目标相比后确定我们是成功还是失败的。经过比较，有时我们会感觉自己还不错，但更多时候我们会觉得自己离目标还有一定的距离。

为了推翻这种默认模式，我们首先需要了解我们是怎么做比较的。在什么情况下、哪些人容易激发我们与之比较？当我们在做比较时内心是怎么想的？回答这些问题的最好方法是花一些时间来监测我们的比较行为，注意比较何时发生和如何进行。下面是一些跟比较思维相关的思维陷阱：

1. **"应该"思维**。通常，当一位妈妈拿自己与另一位妈妈进行比较时，她只看到其他妈妈正在做而自己没有做的事情。用CBT的先驱阿尔伯特·埃利斯（Albert Ellis）[1]的话来说，她开始觉得"自己什么都应该做"，并被做母亲的内疚感所吞噬。就在前几天，我和另一位妈妈聊天时，她说音乐课能促进她儿子的认知能力发展，我开始担心，我是不是也应该给儿子报名音乐课，如果不这么做，我的儿子们就会处于发展劣势。不用说，做母亲的内疚感随之而来。

2. **正面折损/负面过滤**。在与他人进行比较时，妈妈们往往只关注自己的缺陷和不足，而忽略自己的品质和优点。例如，一位妈妈在看到朋友家很整洁后，对自己凌乱的家感到很难受，但却容易忘记她家凌乱是因为她总是和孩子一起做一些很漂亮的手工这个事实。

3. **以偏概全**。妈妈们有时只是听到另一位妈妈或孩子的一点点信息，然后就把这个信息当作全部的事实证据。社交媒体经常引发这种思维，我们看到一个看起来很棒的帖子，就会认为发帖

---

[1] 美国临床心理学家，在1955年发展了理性情绪行为疗法，也是20世纪60年代美国性解放运动的先驱。许多人认为他是认知行为疗法的始祖。

人的生活肯定比我们好很多。
4. "读心"。我们会假定被比较的妈妈或被比较的孩子比我们或我们的孩子做得更好，而不了解他们的真实情况。

一旦你花一些时间来监测你所做的比较，并注意到你常掉入的思维陷阱，你就可以更好地使用我们接下来讨论的工具对比较进行批判性评估。

你真的了解你的比较对象吗？

很多人拿自己与他人进行比较，却没有意识到我们缺乏足够的信息来得出任何有意义的结论，尤其是当我们仅靠别人在网上发的一个帖子或图片就开始评价自己时，就更是如此。我们需要考虑我们是否**足够了解**这个人，以便进行公平的比较。

我们一起来看看我对朋友的极地漩涡帖子的反应。我看到那张照片后立刻做了很多假设：我的朋友非常幸福，她家庭生活美满，而且她随时都有办法摆脱寒冷。但是，当我想到这里的时候，我意识到自己出现了以偏概全和"读心"两种思维陷阱。我已经很多年没有和这位朋友聊过天或见面了，也不知道她的生活到底过得怎样，我唯一掌握的信息就是一张照片和一个帖子，还是这位朋友特意挑选出来给所有她认识的人看的。

当然，也有可能我这个朋友真的一切都很顺心，她发这张照片只是想引起大家的羡慕。但同样有可能的是，她没有事事顺

第 7 章 "为什么我的生活不像其他妈妈那样光鲜美好？"

心，而这张照片可能就是她在试图对别人或对她自己隐瞒这一事实。又或者，因为某种原因她今年过得很艰难，发这张照片只是想让大家看到她和她的家庭现在已经渡过难关。

我开始意识到，我对这个朋友的生活和她发布照片的意图一无所知，这意味着我在用一张我几乎不熟悉的人的照片来评估我自己。我们对自己和自己的内在要比我们对他人的生活了解多得多。所以，我们可能意识到了，就像我看到我朋友的帖子时又冷又流鼻涕，并被压力压垮，但如果我们不告诉别人，他们知道我们是这样的吗？反过来说，一位多年没有联系的朋友精心挑选的照片能告诉我们她的日常生活全貌吗？当然不能，这意味着我们没有关于她的足够信息，因此无法进行可靠的、基于证据的比较。

明星妈妈在社交媒体上发的帖子也是如此。有多少人关注过明星妈妈，并羡慕她们精彩的、经常打着"祝福"或"感激"标签的生活照，以及她们那些看似超级乖又衣着光鲜的孩子？重要的是要问问自己，对于这些妈妈你是否有足够的信息，让你可以把自己的生活与她们的生活做可靠的比较。剧透一下，除了明星本人和她们庞大的公关团队想让你看到的信息外，你对她们其实一无所知，只通过她们的照片你是无法看到她们真实的日常生活的。在下面的方框里，我给你提供了一些技巧，教你通过做一些调查进而批判性评估社交媒体上的博主。

189

对社交媒体做一些调查工作

你总是羡慕朋友或名人在社交媒体上发的帖子吗？做一些调查工作可以帮助你剔除那些真正自恋的博主。寻找下列问题的答案：

1. 她们通常发布什么类型的内容？是分享自己生活以外的新闻或问题，还是以自己的事情为主？
2. 她们发布的每一张照片是不是在过度吹捧自己？
3. 她们会关心别人吗？她们会点赞别人的回复吗？
4. 她们有没有在推销或推广某些东西？

如果对这些问题的答案显示这是真正的自恋狂，你就要对她们的帖子持怀疑态度。

虽然我这里主要讨论的是社交媒体，但妈妈们在现实生活中也会进行不明智的比较。以梅芙为例，她每周同一时间都会带四岁的儿子去上体育课，每次上课前，另一位妈妈和她四岁的孩子总是坐在长椅上看书，妈妈读小说，孩子读一些儿童读物，而且是真的在阅读，而不是在翻着玩。在梅芙的脑子里，她把这对母子俩称为"爱因斯坦妈妈"和"爱因斯坦小子"。看到自己的儿子到现在还是把书作为他的玩具卡车的发射台，梅芙担心儿子智力发育滞后。她很羡慕"爱因斯坦妈妈"，认为这位妈妈显然掌握了一些能够让孩子爱上阅读的秘方。

我要求梅芙思考一下，她对"爱因斯坦妈妈"和她的儿子究竟有多了解。首先是她称这个女人为"爱因斯坦妈妈"，说明她都不知道人家的名字。当然，"爱因斯坦小子"能阅读，而且似乎注意力很集中，但梅芙知道怎样做才能让"爱因斯坦小子"学会阅读吗？也许"爱因斯坦妈妈"花了很多钱请家教或送他上了阅读强化班，这样她的孩子才可以抢先一步。又或者"爱因斯坦小子"就是那种天赋异禀的孩子，如果是这样的话，他四岁就能表现出出色的阅读能力只是他不同于常人的发展轨迹，并不代表梅芙的儿子也得是这样。

由于缺乏"爱因斯坦母子"的详细信息，梅芙是无法做出公平的比较的。梅芙和我决定给"爱因斯坦妈妈"设计一个背景故事，在这个故事中"爱因斯坦妈妈"是一位严厉的语文老师，如果儿子没有读完几本书就不给他吃晚饭，每次他读完一个段落就奖励他一颗葡萄。想到这个场景，梅芙自己都笑了，这有助于缓解她看到"爱因斯坦小子"沉浸在阅读里时感到的焦虑。如果像梅芙一样，你必须创造一个荒谬的背景故事来填补另一个人的信息空白，显然，你对这个比较对象的了解是很有限的。

利用一切事实

有时，我们所做的比较是不公平的，因为我们没有掌握充分的信息来做出明智的评价，还有一些时候，我们会选择性忽略可能会对比较产生重大影响的信息,这可以看作负面过滤的一个例子,即我们只关注自己的负面信息。我们需要扪心自问,在得出合理的结论前,我们是否已经考虑了**所有必要信息**。

以卡西为例,她花了很多时间来关注辣妈玛迪·菲尔茨,她看到的是玛迪看起来很漂亮,相比之下自己看起来土里土气。毫无疑问,这会导致严重的自我批评,卡西想知道,为什么她不能像玛迪那样振作起来,早上努力一点儿打扮下自己。

但卡西很容易忽略一点,玛迪有她没有的东西:助手。玛迪家有一个住家保姆,帮助她每天早上为孩子准备好上学事宜,这显然让她有更多的时间打扮好自己再去学校。所以,玛迪确实比卡西看起来更精致,但这不是卡西的个人问题,当然也不能成为卡西进行自我批评的理由。卡西只有一双手,她已经尽最大努力让自己和孩子能够顺利出门了。

正如卡西的故事所展示的那样,我们可以质疑自己的比较,不过我们可能还是会认为自己比较糟糕。在质疑了自己的比较后,卡西仍然认为玛迪·菲尔茨那天上午确实要比自己性感得多。和卡西一样,我们的想法应该更乐观一点:我们看起来没有那么好是有合理的理由的,这和个人缺点或失误无关。

扩大比较的范围

吉莉恩最近在社交媒体上和一个幼儿园孩子的妈妈妮娜"互关"了。吉莉恩惊讶地发现,妮娜和她的儿子苏尼尔的社交生活如此丰富，几乎每个周末妮娜和她的家人都会去不同的公园玩，见不同幼儿园的孩子和他们的父母。然而，吉莉恩真的没有太花精力去认识妈妈朋友，也没有给她的儿子找过玩伴，她是一个很"宅"的人，自从有了孩子之后更是如此。她担心自己对社交的兴趣缺乏和不够努力会妨碍儿子的社交发展。与总是让儿子和同龄人打成一片的妮娜相比，她觉得自己相形见绌。

我要求吉莉恩扩大她的比较范围，把她在育儿的其他方面也与妮娜进行比较，而不仅仅是社交方面。虽然吉莉恩没有组织过热闹的游戏聚会，但她积极参与儿子的学前教育，并制订了有利于儿子接受教育的课程规划。相反，妮娜就不怎么联系学校。吉莉恩还记得，妮娜和她的丈夫都是土生土长的西海岸人，他们在东部没有什么亲戚。因此，吉莉恩推测妮娜大概需要在附近重新建立一个朋友支持网，而吉莉恩不仅与父母和公婆都离得很近，她还努力让长辈也参与到儿子的生活中。

事实上，由于妈妈们各有各的天赋、兴趣或环境条件，她们可以在很多不同领域有各自的出色表现。大多数妈妈通常会在几个领域表现出色，但是**没有人**会在所有领域都表现出色。重要的是要认识到，你可以发挥自己的长处，其他妈妈也可以发挥她们的长处，这并不意味着你们谁比谁好、谁比谁差。如果你被另外一位妈妈的长处震惊到，请花点儿时间找出你自己的长处，并把这些长处融入你的育儿过程中。在第8章会详细讨论如何发挥你做妈妈的优势。

前面提到的策略同样有用

除了上面讨论的认知策略外,我们在前几章学到的几个工具也可以有效管理比较心理。例如,你可以经常考虑支持和反对"思维陷阱"想法的证据。你可能会发现,这会把你引向上面刚讨论过的策略:评估你所了解的对方的信息或缺乏的信息,并扩大你的比较范围。

我们已经讨论过的另一个有用的方法是,问问你自己,如果你的朋友跟你处在相同的处境,你会跟朋友说些什么。在第4章中,我用这个策略帮助你在感到焦虑时培养自我关怀之心,它也可以用来帮助你处理因比较而产生的内疚和自责。比如说,你正在和一位妈妈聊天,她滔滔不绝地谈论她的锻炼方案,当你在礼貌倾听时,内心启动了"应该"模式,因为这位妈妈能够很好地兼顾工作和锻炼,你对自己说你应该像这位妈妈一样挤出时间锻炼。在你们聊完天后,你认为自己是个"懒虫",心里很难受。

现在想象一下,如果你有一个朋友来找你,并跟你说她刚刚和一位热爱运动的妈妈聊了天,聊完后觉得自己就是个"懒虫",你会说什么?你会说"是的,我完全同意你的看法,那位妈妈真的很自律,你也要尽快锻炼起来"吗?还是会提醒她,作为一位妈妈,她已经很尽力了,增加锻炼对她来说很难适应,她是否可以考虑在未来某个时刻再进行锻炼?你还可能会反问:这个运动狂人妈妈为了实现运动梦牺牲了哪些东西?想一想你会跟朋友说什么话,这个方法可以让你摆脱对自己的评判,并采用更客观、更富有同理心的方式来看待比较的方法。从本质上讲，这能引导你想到你做出的比较之所以不公平且无益的很多原因。

有益的比较：选择正确的比较对象

到目前为止，我一直在谈论做比较的危险性，然而，有些时候，我们是可以从被比较的妈妈身上学到些东西的。比如说，你认识一位妈妈，她在自我照顾或在工作边界设定方面做得比你好，那么就观察这位妈妈是怎么做的，并试着学习她的选择和行动，这将会对你很有帮助。

当然，诀窍在于选择正确的比较目标。为此，可以依据你在第 3 章中阐述的价值观，想想你认识的一位或几位持有相同价值观的妈妈，和你有相同价值观的妈妈更适合作为比较对象。难道你真的想成为和你价值观完全不同的妈妈吗？当你和某些明星妈妈进行比较时，你尤其要思考这个问题！

我敢肯定，在你的生活中，至少有一位你想学习的妈妈，也许她的孩子已经长大，她做母亲的时间也比较长。米利亚姆是一个四岁孩子的妈妈，她对生二胎感到很有压力，因为她拿自己和已经生了二胎甚至三胎的朋友做了比较。虽然这些朋友都在吹嘘多子女的好处，她们会说"现在我们的家是完整的"，但米利亚姆并不确定这是不是她想走的道路。

米利亚姆决定向她的表姐寻求建议，她们有着共同的价值观，她非常信任表姐。她问表姐是如何确定自己不再要孩子的。

表姐说，对她来说，这个决定取决于经济和情感资源，她和伴侣都认为，生二胎会让他们捉襟见肘，他们的经济情况和精力只够养一个孩子。虽然当她看到别人的新生儿时，有时也渴望再生一个。每当有人问她什么时候再生一个，她总是很烦恼，但最终还是没有动摇，她的资源只够养一个孩子。

表姐的意见帮助米利亚姆做出了一个正确的决定。即使她没有再实际征求过表姐的建议，但她始终将表姐作为比较对象，每当她与别人做比较后开始质疑自己的育儿决定时，她就会问自己，如果表姐处在同样的情况会怎么决定，这帮助她有效克服了内疚和焦虑。

不要害怕"取关"！

如果某个朋友或名人的社交账号会让你产生不良的比较，直接"取关"！这适用于所有应用程序，如果你发现社交媒体或其他任何应用程序频繁引发了你的消极情绪，那就删除它，或者至少把手机里的应用软件卸载掉，这样可以减少你查看的频率。

我记得几年前，那时马蒂还没出生，我就"取关"了一个朋友。当时我比我丈夫更早准备好要孩子，每次看到有妈妈在社交媒体上发自己和刚出生孩子的照片，我都羡慕不已。而我的那位朋友，她非常漂亮，有帅气的老公和一个可爱的孩子。有段时间，每当她发一张新照片，我就得用上所有的认知技术来应对因她而引发的情绪问题。最后，我决定暂时"取关"她，这会让我好受一点儿，直到我怀孕后才重新关注她。我还会定期卸载手机上的社交软件，尤其是在我发现每次刷完后自己都会感觉很糟糕的时候。

我建议你评估你所关注的某个名人或朋友、所使用的某个社交软件的好处和坏处。例如，如果你认为关注某位明星妈妈的好处是"她对素食食谱很有研究""她对穿紧身裤有独特的见解"，而坏处是"她的帖子让我有抓狂的错失恐惧"，那么是时候"取关"这个人了。对于社交软件上的朋友也是如此，没有必要看那些会引发你进行不良比较的帖子。

正确看待他人的评判

在本章的前半部分，我们谈到在"妈咪脑"中进行的比较，即选择一个比较的目标，并评估我们和目标的差距。另一个可能的也是极其有害的比较是来自他人的评判，当我们被评判时，我们会与那些可能武断的养育标准进行比较，并发现我们无法达到这种标准。我们经常用"应该"、内疚和自责进行回应。

在一项研究中，受访的美国妈妈有近 2/3 都表示，她们的育儿决定会受到他人的评判，这种评判通常是来自她们的家人。从我的临床经验来看，2/3 是被严重低估了的数字。

我们花点儿时间来了解一下美国妈妈受到的各种评判：

1. **直接的当面评判**。在这种情况下，人们会直接告诉你，他们不赞成你的养育方式。有时候这种评判非常直接，比如你的妈妈会告诉你，你要用别的方式来喂孩子，采用不一样的就寝规矩，或者让你的小天才接触更多的艺术和文化熏陶等。有时，这种评判可能是被动式攻击。最典型的例子是，当亲戚或朋友得知你的养育方式后这样回应："呃……很有意思。"或"我从没听说过还可以这样做！"

2. **更微妙的评判**。有一次我和马蒂在商店，当时我肚子里还怀着萨姆，孕肚比较明显。马蒂坐在手推车里，我想起来忘了拿另外几个货架上的东西，但我没有推着手推车过去，而是把它放在过道的尽头，告诉马蒂我很快就回来，然后跑去拿我想要买的东西。当我跑回马蒂身边时，我走错通道，看到马蒂不在那里，我很慌张。这时，一个年长的女性清了清嗓子，手指着一个过道外的手推车和手推车里的马蒂。这事发生在 6 年前，直到现在我仍然还能想起她那令我无地自容的眼神，甚至她什么都不用说，我就知道她对我的育儿方式有什么看法。

我知道不止我一个人是这样。有多少妈妈因为孩子发脾气、在公共场合喂奶，或为了能安心吃饭而让孩子在餐馆里玩平板电脑而遭受白眼的？

3. **网上的评判**。互联网和社交媒体已经把评判母亲的养育行为变成了一种艺术形式。我发现，网上互为好友的妈妈们不会在朋友的帖子下直接发表评论，而是会用更微妙的方式传达她们的评判。我想到我的一位妈妈来访者，她发了一张五岁孩子帮她做布朗尼蛋糕的照片，社交媒体上的一个朋友在她的帖子下回复说：布朗尼蛋糕的用料干净吗？如果不干净，她有一个更好的布朗尼蛋糕配方。如果这还不算评判性的回帖，我不知道什么才算。

那些可怕的妈妈匿名聊天室和留言板上还有更为公开的线上评判。我的偶像之一蒂娜·菲[1]（Tina Fey）曾经说过，妈妈博客有太多"我有生之年见过的最糟糕的人类行为"。我和很多妈妈来访者会花很多时间浏览这些网站，她们的故事不断颠覆我的认知。这些人可以为了是否支持使用有机尿布、让孩子上沉浸式汉语课或食用无麸质食物而直接开骂。这些网站最初是作为妈妈们互助社区而创建的，最后却因为匿名而不用承担言论后果，进而变成妈妈们互相争吵的论坛。

即使其他妈妈不是针对你，你也可能从她们的帖子里读出评判的意味。以前文介绍过的瑞秋为例，她读了其他妈妈吹嘘送孩子上花费昂贵的幼儿园和课程的帖子后，把这些帖子视为对自己没有做同样选择的评判。朋友发在社交媒体上的帖子也是如此，当你的儿子正在狼吞虎咽地吃煎饼，看到朋友发的关于玉米糖浆危害的博文，你会觉得自己太不负责任了。

4. **"专家"的评判**。很多育儿"专家"（这个词我用引号标注，是因为不是所有自称专家的人都名副其实，这一点我在下一节会详细介绍）写了大量的文章和书籍教你如何育儿。以提倡或反

---

[1] 美国编剧、演员、制片人、主持人，担任制片人、编剧并主演了系列喜剧《我为喜剧狂》。

对"哭出来睡眠法"(cry it out, CIO)[1]为例,这两派专家一方坚持让孩子哭一会儿是帮助孩子入睡的唯一有效方法,一方认为这种做法严重破坏了父母和孩子的依恋关系。当我们没有按照"专家"的建议做时,我们通常会感到非常内疚,自责不已,虽然育儿"专家"并没有评判我们个人,但我们还是会觉得他们在评判我们。但这显然并不重要,因为我们对自己做的评判已经够多了,不需要别人来替我们评判!

我觉得有必要在这里讨论一下母乳喂养问题,因为这是育儿专家一直争论不休的话题。如果有育儿专家告诉你,母乳喂养有利于婴儿和母亲的健康,而你用的是配方奶粉喂养,你不可能不去评判自己。我的很多妈妈来访者就对自己用配方奶粉喂养孩子感到非常羞愧,甚至因为担心这种行为会招致评判而不敢在公共场合给孩子喂奶。

应对评判

很遗憾,妈妈们确实无法控制他人的评判。不过,我们可以

---

[1] 由哈佛大学医学院神经内科副教授理查德·费伯(Richard Ferber)提出。在费伯看来,让宝宝单独哭一会儿有助于宝宝学会自己安抚情绪,适当的哭泣不仅没有什么坏处,还能够让宝宝慢慢地自行入睡,对改掉宝宝奶睡、抱睡等不良习惯作用显著。与之相反的无眼泪(no tears)睡眠训练法是由倡导亲密育儿理论的威廉斯·西尔斯(Williams Sears)提出的,这种方法提倡用一种更为温和、循序渐进的方式来哄宝宝睡觉,在宝宝哭的时候,父母要及时给予宝宝适当的安抚。西尔斯医生认为,虽然让宝宝学会自己入睡非常重要,但是妈妈也需要花时间来慢慢让宝宝接受这个过程,并且多和宝宝互动,最大限度让宝宝拥有安全感。

从认知和行为上控制我们对评判或我们觉得是评判的话语的反应。

在进行接下来的讨论之前，你可以先拿出第 3 章做过的"价值观备忘录"，本节将以它为参考，思考你的价值观与评判你的人的价值观的异同，这能帮助你有效回应他们的评判。

确定评判者

在应对他人的评判时，你的首要任务是思考到底是谁在评判你。很多时候，被评判的妈妈们做不到停下来想一想她们所重视的观点是不是由权威专家给出的。

莉莲的姐姐经常对她的育儿指手画脚，姐姐的孩子比她的大，因此自认为是育儿专家。莉莲所做的每一件事几乎都会遭到姐姐质疑或挑刺儿，例如："啊，你允许艾丽莎不午睡？那今晚你会有苦头吃了！"莉莲很爱她的姐姐，但是在与姐姐相处时，她常常会为自己做过或没做过的事感到内疚。

我让莉莲思考一下信息者问题。她重视姐姐的意见吗？同意姐姐的养育决定吗？莉莲重新审视了她的"价值观备忘录"中的"育儿"部分，意识到她的育儿价值观与姐姐非常不同。如果可以说真话，莉莲会觉得她十几岁的外甥真是讨人嫌，她不希望自己的孩子也变成那样。既然如此，她为什么还要听姐姐的育儿意见呢？

于是每当姐姐公开评判莉莲时，她都会提醒自己，她的育儿价值观与姐姐不同，她不希望自己的孩子变成姐姐的孩子那样。

虽然这样无法阻止姐姐评判她，但确实让莉莲能够有效地应对这些评判，也不再因此陷入内疚之中。

如果评判者是你不认识或不怎么认识的人，怎么办？很多妈妈很看重聊天室匿名妈妈发的帖子，或社群里随便一位妈妈，或是中学后就没有再联系过的朋友的意见，这让我很惊讶。例如，瑞秋深受她小区妈妈群里的帖子影响，认为这些妈妈推荐的某个幼儿园、音乐课和有机食品也一定适合她的孩子，但瑞秋连这些妈妈是谁都不知道，不知道她们是不是婴儿课程或食品方面的权威专家，更不知道她们是否跟她持有同样的育儿价值观。因此，她需要学会把这些妈妈的意见仅仅看成意见集合，而不是客观事实，她必须停止拿自己和这些妈妈做比较，并学会按照自己的价值观来指导自己的育儿工作。

即便这个人自称是所谓的育儿专家，也要**考虑他的权威性**。有很多优秀的育儿专家的建议值得一听，但也有很多专家的建议不值得。如果你正在阅读某个"专家"的文章并发现自己陷入自我评判的困境，花点儿时间检查这些"专家"的资历。他们有什么专业背景？他们接受了什么培训？如果他们的培训看起来很可疑，或者你在网上查不到他们的培训记录，就不要在他们身上花时间了。

你还需要搞清楚这些"专家"的**育儿观**。你可能正在读一篇权威专家写的亲密育儿法的文章，但你不是亲密育儿法的粉丝，那他们的建议就不适用于你了。听与你的价值观不一致的"专家"的话毫无意义。

记住，知名专家的意见也有不适用的时候

你可能会问，万一是权威专家的建议，而你没有遵照执行，怎么办？对于这种情况，你的"应该"思维就是合理的吧？

你需要认识到，即使是知名专家的建议也不一定适用于你，因为**每位妈妈都是独一无二的，每个孩子也是独一无二的**，一般性的建议是很难适用于每位妈妈的个人处境的。

假设有一位妈妈，她的孩子患有疝气，她可能阅读了所有最好的婴儿睡眠书籍，也遵循了所有专家的建议，但还是没办法哄孩子入睡，因为孩子会腹绞痛，非常不舒服。在绝望中，她可能做了一些睡觉书籍提醒妈妈们不要干的事情，比如她躺在沙发上，让儿子睡在她身上，这样的睡姿使孩子感到最舒服。这位妈妈显然没有遵循任何专家的建议，但她在这种情况下做了最有效的事情，这样她和孩子都可以得到急需的休息。

母乳喂养是另一个典型的例子。美国儿科学会[1]推荐的专家并不了解你本人，也不知道你的孩子是否拒绝吸奶，你的工作状况是否允许你给孩子吸奶，或者母乳喂养困难是否会加剧你的产后抑郁。你要知道，美国儿科学会的指导方针是普适性的，而你需要根据自己的特殊情况对母乳喂养做出相应的决定。

---

[1] 全称为American Academy of Pediatrics，简称AAP。是美国的儿科研究学会，由35名儿科医生于1930年成立，以确立儿童卫生保健标准为宗旨，拥有世界上最大的儿科出版体系，出版物包括电子产品、专业文献、医学教材、实践管理出版物、患者育材料和育儿书籍等。

对他人和环境要挑剔

当马蒂还是个婴儿的时候，我和一位妈妈成了朋友，她的儿子和马蒂一样大。我当时很孤单，在这个地方认识的妈妈也不多，所以我们经常一起出去玩，但是每次见过她之后，我都感觉很糟糕。我记得有一次去公园，她的儿子爬上了一个爬梯，马蒂很害怕，完全不敢爬，于是我让他去爬另一个爬梯。朋友告诉我，她觉得我应该让马蒂爬他怕的这个爬梯，这样他才会从挑战中获益。尽管事后看来，我的做法对我和马蒂都是正确的，但当时我总觉得我的朋友才是对的，甚至在想，我是在溺爱马蒂吗？

说实话，直到马蒂三岁了，我才意识到，每次和这个朋友一起玩，我都感觉很糟糕，因为她一直在评判我的育儿方式和我生活的其他方面，于是我决定从这段友谊中抽身，这是一个巨大的解脱。如果你有朋友甚至某个朋友圈都喜欢评判你，你可能要考虑与他们断绝关系，把精力放在更支持你的朋友身上，第11章会详细介绍该如何做到这一点。你不用让自己和孩子接受他人的评判。

你还需要用挑剔的眼光看待你经常浏览的网站。妈妈们经常告诉我，她们掉进了妈妈聊天区或社交媒体的无底洞，并感到很痛苦，但她们又控制不住地一次又一次登录这些网站。一些妈妈认为这些网站对她们起到了激励作用，她们认为听听其他妈妈的做法可以获得育儿知识、提升育儿能力。另一些妈妈则告诉我，她们喜欢看这些网站上妈妈们的闹剧。但通常情况下，这些有害网站所带来的好处（看妈妈们的闹剧、学习有用的育儿知识）与其明显的坏处（被评判的感觉、体验做妈妈的内疚感）相比是微不足道的。

这里有一条重要的经验法则：如果你发现自己沉迷于这些网站并产生了消极情绪，问问你自己，除了给你带来的明显坏处外，浏览这些网站给你带来了什么好处。如果你想不出任何好处，那么是时候放弃它们了。

我还要再次提醒你之前讨论过的事情："取关"别人没有问题，你不用在社交媒体上关注那些爱评头论足或引起骂战的朋友。你同样需要衡量关注这些朋友的好处和坏处，如果弊大于利（基本上都是这样），那就直接"取关"吧。

放下手机！

就像我们前面讨论的，如果某些朋友或名人会给你带来消极情绪，"取关"他们或卸载应用软件是很有帮助的。还有一个方法也可以减少你做比较或被评判的频率，那就是定期放下手机，把所有的设备放一边。

我们都知道，放下手机不仅仅有助于抑制比较心理，也能帮助我们更有觉知地育儿和生活。还记得我在第 1 章分享的饼图吗？它展示了我们的"妈咪脑"中总是有一大堆的东西在打转。当我翻手机时，更多的东西盘旋在我的脑子里，导致我的大脑不断充斥着令人焦虑的新闻标题和待办事项，不停地做比较。我的脑子里下载了这么多的信息，如果我和儿子们正在玩《妙探寻凶》(*Clue*)[1]，我还怎么破案啊。

有很多方法可以有效帮助你放下手机。在 CBT 中，我们倾向于从**行为**层面来解决手机依赖问题，比如鼓励大家设置手机使用限制，并把手机放在固定的地方。下面是一些可以**帮助你成功放下手机的小技巧**：

1. **定时**。在你开始看手机之前设置一个定时器，响的时候你就要放下手机。
2. **定期查看手机**。如前所述，我的一位妈妈来访者在工作中频繁打开手机，影响了她的工作效率。我们约定她每小时看一次手机，定在一点钟、两点钟这样的整点，每次 5 分钟，5 分钟后她会继续工作。
3. **关掉手机的通知提醒**。如果社交媒体账号每次有更新你的手机就会发送提醒通知，那你永远都无法抗拒社交媒体的诱惑，你可以关掉手机上的通知提醒。
4. **卸载手机应用程序**。我们之前已经讨论过这个问题，但还是值得重申一次。有些应用软件手机和电脑都可以登录，你可以卸载掉手机上的，只保留电脑桌面上的，或者直接全都卸载掉。
5. **不要把手机放在身边**。很多妈妈在睡觉前会刷手机，把手机放

---

[1] 一款亲子探案桌游。玩家们需要通过线索的收集以及自己的判断来找出凶手，并在过程中与几位嫌疑人进行交谈，找出存在问题。

在床头柜上充电,在睡不着或半夜醒来时也会玩手机。如果你觉得白天做社交媒体比较很有压力,你可以试试在晚上做,祝愿你在看了朋友分享的博拉博拉岛(Bora Bora)[1]之旅后还能安然入睡。

试着在晚上把手机放在卧室外面。我的妈妈来访者发现这对她们非常有用,有助于减少她们做比较和焦虑的频率,让她们更容易入睡。晚上手机不在身边,很多人都感到轻松了不少。

白天你也可以把手机放一边。当我和孩子在一起时,我经常这样做。如果手机不在身边,我就不会无意识地翻看它,只有当真的要用手机时,我才会起身去拿。

最后关于手机还有一个建议:如果你有**伴侣**,试着让他也加入这个计划,因为如果他一直看手机,你是很容易被诱惑的。更多关于伴侣沟通的内容请参阅第 9 章。

---

[1] 太平洋东南部社会群岛岛屿,属法属波利尼西亚。

第8章

"为什么我无法成为完美妈妈?"

不切实际的完美主义

"他平常不这样!他平常不这样!"吉娅领着三岁的儿子和一岁的女儿快步走出图书馆时,嘴里不停念叨着这句话。吉娅努力把自己塑造成一个拥有完美家庭的完美母亲形象,在去图书馆之前,还教导儿子在公共场合行为得体很重要。但事情就这么发生了:在听故事会的过程中,吉娅的儿子与另一个孩子吵了起来,最后开始互扔书本。当吉娅和她的孩子像逃犯一样逃离故事会现场时,他们看起来一点儿也不像完美家庭。吉娅因为无法控制儿子的行为而感到羞辱和沮丧。

阿莉的四岁生日很快就要到了,塔玛拉很紧张。去年她在后院给阿莉办了一个派对,准备了一些户外游戏和一个皮纳塔(piñata)玩偶[1]。后来阿莉参加了其他小朋友的隆重的生日聚会,

---

[1] 流行于墨西哥,每到节日、生日等喜庆的日子,人们用泥巴或硬纸糊成彩色玩偶,玩偶内装满糖果、玩具等物,让人蒙上眼睛用根棒击打悬挂起来的玩偶,直到击破,大家争相去捡散落一地的糖果、玩具,预示着能有好运气。

有的聚会甚至请了名人,设计了堪比奥斯卡奖的大礼包。虽然阿莉没有抱怨,但塔玛拉认为自己办的生日聚会很失败,并为没有花费更多时间和心思准备而感到内疚,她发誓今年一定要弥补阿莉。于是她在上班时间研究聚会,在网络上找到当地最好的艾莎女王[1]模仿者,还找到了完美而且非常有个性的聚会礼物。结果是,她的工作进程被这些琐事给耽搁了,最后不得不在阿莉上床睡觉后在家加班。她也害怕向自己的伴侣提起此事,伴侣如果知道这个聚会花费了多少,是会抓狂的。

马蒂上学前班的时候,我收到一封学校的电子邮件,要求并鼓励家长参考 Pinterest 网站上的创意为学校的活动制作一套感恩节服装。这个任务把我吓到了,因为我最不擅长做手工,但我想,如果其他父母能做到,那我也可以。我开始在 Pinterest 网站注册账号,看到专业级别的感恩节服装和道具,脑子里出现一个想法:"嗨,Pinterest 手工达人妈妈们!炫耀你们用孩子的旧奶瓶嘴和别人给的毯子做的'感恩节爱之聚宝盆'去吧!我也可以把这些闪光粉粘到这张报纸上。"但我越搜索就越不知所措,最终放弃了这个想法,在最后一刻随便拼凑了一些东西。在感恩节庆祝活动中,很多孩子盛装打扮,而马蒂穿得却像是一块被"五月花"号(Mayflower)[2]冲上海岸的海藻。我为自己没有付出更多努力而感到无比内疚。

---

1 动画片《冰雪奇缘》的主角。
2 一艘从英国驶往北美的移民船,该船载有大人小孩共102名,由英国的普利茅斯出发,前往今天的美国马萨诸塞州,感恩节就是这些人创立的。

正如这些故事所展示的那样,很多妈妈不管面对什么事情,都希望做到完美。妈妈们需要为此承受多大的压力不用我多说,社交媒体和其他一些渠道也总是给妈妈们传递这样的信息,即她们可以并且应该把育儿工作做到极致。人们期待我们把孩子放在第一位,为他们提供一切有利条件,对他们总是面带微笑。市面上有一大堆产品宣称可以帮助我们变得完美:能让我们拥有产后完美体型的运动课程;能让我们成为育儿大师的书籍;教我们如何做到在各种活动中无缝切换的生活方式网站。正如我们在上一章中讨论的,我们经常拿自己和其他妈妈做比较,认为我们可以并且应该朝她们的标准看齐。

但追求完美的努力都是需要代价的。当事情不完美时,很多妈妈,如吉娅、塔玛拉和我,就会体验到严重的焦虑、沮丧、内疚和自责情绪,其实事情永远都不会完美。我以前的一位来访者在提到她的完美主义倾向时说了一句很经典的话:"当我用百分之百的力气讨好每个人、做好每件事,我就没有力气留给自己了。"

本章的目的是帮助你认识到,你不可能也不必一直全力以赴完成每一件事情。我希望你能学会给自己**设定更为现实的目标**,并在你无法达到完美的时候能够**自我关怀**。成为一个母亲已经很难了,你不必要求自己做到完美无缺。

尽责和完美主义

识别养育中的完美主义会很困难。作为父母，我们致力于给孩子提供最好的条件，但负责任的父母和走极端的父母之间只有一线之隔，有些妈妈很难分清尽责和完美主义的界限。

为了确定你有没有掉入完美主义的陷阱，可以对自己进行一次情绪评估。你是否有一定要做好某事或一定用某种方式行事的强烈的压迫感？你是否很难放下一些事情，总觉得自己可以做得更多或更好？你完全接受不了"已经足够好了"这件事吗？你是否因为不够努力而产生焦虑、沮丧、内疚或有以上全部情绪？如果你对以上任一问题的回答为"是"，那你可能对自己期望过高或做过头了。你需要考虑往后退一步，评估一下你是否可以用不同的方法来完成任务，尝试使用我们下面讨论的策略。

进行有益的比较是确认完美主义的另一个方法，你可以留意那些与你持有相同价值观的朋友是怎么应对的。例如，安杰拉期望自己是一个完美的妈妈，她认为，只有当孩子犯了严重错误或做了危险的事情时，她才可以对他们失去理智。因此，她强迫自己"保持冷静"，当她无法保持冷静时（实际上这种情况经常发生），她会感到非常内疚和沮丧。她决定问问几个她很重视其意见的好朋友，了解她们是否也希望对孩子保持冷静，以及她们是否真的做到了。当她们对这两个问题的回答都是"不！"时，安杰拉意识到自己可能陷入了完美主义陷阱，需要进行正念自我关怀练习。相关策略可参见第 3 章。

不存在完美的妈妈

或许你认为自己就是个完美主义者，你也想努力做到出类拔萃。但问题是，不管广告怎么说，也不管名人妈妈在社交媒体上是什么样子，即使我们就是这么想的，也没有人能真的变成完美的妈妈。理由如下：

1. **我们的资源有限**。对我们大多数人来说，时间、精力和金钱都是有限资源。我们根本没有足够的资源可以保障我们作为母亲、伴侣、员工和朋友所做的一切都能毫无纰漏地按照计划进行。

    为了给女儿办一场完美的生日聚会，塔玛拉把白天的时间都花在研究聚会策划上，因此耽误了工作。这个她梦想中的聚会（注意，我说的是她梦想的，而不是她女儿梦想的）所需的开销可能超过了她的能力范围，她可以把这场聚会办下来，但她的工作会受影响，这个月的财务状况也会出问题。即使你像塔玛拉一样，成功地将百分之百的精力投入某一件事情上，你生活的其他方面也不可避免会受到影响。

2. **我们无法掌控客观环境**。比方说，塔玛拉最后准备好了一个完美的聚会，但在聚会当天早上发现暴风雪即将来临。塔玛拉无法控制天气，她不知道雪会不会一直下、她家能否持续供暖、比萨饼店是否会忘记送比萨饼，或者送晚了30分钟，让她需要面对15个辘辘饥肠的六岁小孩。这些问题可能会毁掉她的聚会，但塔玛拉对此无能为力。

3. **我们无法掌控我们的孩子**。一些育儿书籍会让我们以为，只要遵循某种养育方法，我们就能让孩子乖乖睡觉、吃饭、行为得体。我们肯定可以采取措施来培养孩子良好的行为，但我们无法保证孩子时刻都会如此表现，特别是当他们刚好很累、脾气暴躁或身体不舒服的时候。

还有，孩子一直都是在成长变化的，可能会经历一些重大的情绪和行为变化，而你还没有准备好应对这些变化。你可能认为你已经很了解自己的孩子了，知道怎么做能让他开心，却发现他在一夜之间仿佛变了一个人，可爱的婴儿会突然进入"可怕的两岁期"(terrible two)[1]，大一点儿的孩子的变化更是出人意料。

4. **我们无法永远做最好的自己**。即使我们的孩子表现完美，环境中的一切也井井有条，我们妈妈也不一定能够得偿所愿遵循自己的计划。比如，疲劳或饥饿等因素不仅会影响孩子的行为，也会影响妈妈们的行为。此外，我们还要应对第 2 章讨论过的复杂情绪体验，以及超负荷的"妈咪脑"。综合所有这些因素，我们大多数时候都无法做最好的自己。

为了说明这一点，我随便列举过去一周中我做得不完美的几件事：

---

[1] 指的是幼儿到两岁左右会有的一个反抗期，对父母的一切要求都说"不"，经常任性、哭闹、难以调教。

- 错过购买棒球队服的截止日期,马蒂没有得到他想要的棒球T恤。
- 去超市一趟却忘记买我们急需的洗衣液。
- 因为萨姆早上拖拖拉拉而感到很受挫,并对他大喊大叫,后来才知道他感冒了。

不管怎么努力,妈妈们难免会犯错误,而且是很多很多次,我们计划落空的次数数不胜数。

如果你越快接受"完美是不可能的",你就能越快采取行动来应对你的和生活中的诸多不完美。

改变思维:四种认知策略

有完美主义倾向的妈妈们经常陷入某些思维模式,并坚持以自己无法达到的标准要求自己。因此,我们之前讨论过的很多认知策略,对处理完美主义带来的焦虑、内疚等消极情绪非常有用。我们来看看自称"控制狂妈妈"的卡莉在女儿萨布丽娜即将参加舞蹈会演时是如何使用这些策略处理好自己的完美主义的。

卡莉把女儿送到当地一所低调的舞蹈学校,这所学校的一个特点是家长可以给孩子制作演出服,而不必花高价购买专业演出服。卡莉在一月份给女儿报名参加课程时,以为制作演出服不是什么问题。

转眼就到了六月初,卡莉忙得不可开交,甚至都没有时间洗澡,更不用说给女儿制作舞蹈演出服。卡莉认为,她应该投入时间和精力做这件事,特别是当她知道其他家长都在尽心尽力时,她担心,如果萨布丽娜没有一套非常华丽的演出服,就会"被认为穿的是垃圾"。

我让卡莉做的第一件事是思考她出现了哪些思维模式。她只能识别出其中一些,比如"应该"思维,认为她应该花时间制作演出服;非黑即白思维,假设萨布丽娜的演出服不是百分之百完美,那它就是"垃圾";做比较思维,拿自己和其他家长进行比较;以及灾难化思维,假设一套不合格的演出服会很糟糕。

在卡莉意识到她的思维模式有问题后,我就让她检查支持和反对她的想法的证据,她认为萨布丽娜的服装必须华丽才能被接受。以下是她的想法:

萨布丽娜的演出服必须华丽才可以被接受的证据:
- 其他的家长正在制作听起来很精美的演出服
- 萨布丽娜的衣服跟其他孩子不协调

萨布丽娜的演出服不华丽也能被接受的证据:
- 学校说了,即使是一件普通的紧身衣也是可以的
- 萨布丽娜似乎一点儿都不在乎她的演出服
- 我之所以选择这家舞蹈学校,就是因为它是出了名地不在意演出服的

- 演出过程中大家都会把注意力放在自己孩子身上，我是唯一关注萨布丽娜的人，别人不会注意到她的演出服

我质疑卡莉提供的两项支持性证据，因为这两项证据都没有直接证明女儿的演出服必须华丽才能被接受。她最终不得不承认，她找不到什么事实证据来支持她的想法。

我还让卡莉想一想这件事情的最坏结果，以及她是否能够应付最坏的结果。她认为最糟糕的结果是，萨布丽娜是班上唯一一个没有穿华丽演出服的人。卡莉意识到，即使这种结果发生了，她也能够控制自己的内疚，毕竟，萨布丽娜不是那种很在乎演出服的孩子，她只想让父母来观看演出。卡莉承认，她的内疚感会随着演出结束消失，她很快就会转移注意力到"下一个育儿的戏剧性事件"中去。

我刚刚描述了卡莉在面对压力事件时如何使用认知策略来应对她的完美主义倾向。如果你觉得没有完美地完成一件事情，并因此想要自我批评，也可以在事后使用这些策略。我发现自己也经常遇到这种情况，例如，有一年我是班级家长代表，这其实是一个为受虐狂量身定制的角色，需要和另一个班的家长一起负责筹办节日活动。在活动当天，我在学校停车时遇到点儿麻烦，结果迟到了5分钟，其他的家长志愿者都已经到了，马蒂看起来很沮丧。整个活动期间，我一直在想，其他家长都没有迟到，只有我迟到了，老师、其他家长、孩子们可能也看到了马蒂很沮丧。我想他们肯定认为我把这次节日活动搞砸了。

那天晚上我试着对自己做一些认知工作。我意识到自己出现了以偏概全的思维倾向，因为我根据迟到这一个事实就认定我是一个糟糕的家委会成员；以及灾难化和非黑即白思维，因为我没有准时参加活动，所以认为我最差劲。我搜寻活动上的证据，并没有发现有什么能够表明我把活动搞砸了。没错，我确实迟到了，但是包括马蒂在内的孩子们都玩得很开心，在和老师及其他家长的交流中，他们似乎也没有因为我迟到而感到不悦。另外，我还带了奥利奥饼干。只要手握奥利奥饼干，你就能办成儿童聚会了。

觉得自己是史上最差劲的妈妈？试试在妈妈排行榜上给自己排名

我发现，当有完美主义倾向的妈妈们认为自己没有达到完美时，往往会给自己贴上"史上最差劲的妈妈"标签。当纪子忘记把女儿的午餐放进书包里时，她就给自己贴了这个标签，她认为，只有最差劲的妈妈才会忘记给孩子带上午餐去上学。

像纪子这种自认为"最差劲"的妈妈会陷入两种主要的思维陷阱：一是以偏概全，纪子认为忘记让女儿带午餐这个小错误就是她育儿失败的铁证；二是非黑即白思维，纪子认为，因为她不是百分之百完美的妈妈，所以她是百分之百差劲的妈妈。我建议纪子使用经典的CBT技术——**连续体技术**（continuum technique）[1] 来挑战她的思维，即在妈妈排行榜上给自己排名。如果你像纪子一样，认为自己是一个非常失败的妈妈，这个方法可以帮到你。

首先要制作一个你自己的连续体，画一条线，一端标为 0，另一端标为 100。0 分代表你能想到的最糟糕的妈妈，是一个什么都做错的人，这个人可以是你认识的，也可以是名人，甚至是虚构的。我听过的有《亲爱的妈妈》[2]（*Mommie Dearest*）中的琼·克劳馥（Joan Crawford）、《广告狂人》（*Mad Men*）中的贝蒂·德雷珀（Betty Draper）[3]，还有"我的婆婆"们。100 分代表理想的母亲，从不发脾气、时刻冷静的模范母亲，她的孩子总是彬彬有礼、善良友爱。当我和来访者做这个练习时，她们常常告诉我，她们想不到值得 100 分的真实人物，所以她们最终选择了一个虚构的人物，我经常听到的是简·克利弗（June Cleaver）[4] 和一个虚构的生活在 20 世纪 50 年代的家庭主妇。接下来，选一个代

---

1 主要用于矫正黑白思维或两极化思维的信念。在操作中需要用一个刻度范围 0~100 的坐标轴，引导来访者思考极端情况，将当前状况与极端情况相比，从而做出更客观、理性的评价。
2 美国好莱坞女星琼·克劳馥的养女写于 1978 年的一本书，在书中，养女揭发了这位光彩照人的好莱坞巨星如何用各种方式虐待她的子女，后来这本书被改编成了同名电影。
3 剧中男主角的妻子，在剧里甘心做家庭主妇，却不知道如何对待自己的女儿。在剧中她是一个情绪起伏不定、常在孩子面前表现出抑制不住的焦躁和愤怒的母亲。
4 美国家庭喜剧片《反斗小宝贝》（*Leave it to Beaver*）中的超级妈妈，克利弗太太为人亲切，总是支持自己的一对宝贝儿子。

表 50 分的人，这个人介于理想和糟糕之间，妈妈们很容易就从她们所认识的人中找到这样的人。

最后，问问自己，你自己处在哪个位置。纪子回想起她过去一周内独自完成很多育儿工作，并且如果不要求完美，有充分的证据证明她很多事情都做得很好。例如，除了忘记让女儿带午餐的那一天外，她每天都给女儿准备学校的午餐；当女儿做噩梦睡不着时，她能安抚女儿；经过全面细致的研究，她给女儿报了一个很适合她的夏令营。

综合这些证据，纪子得出结论，她在做母亲方面肯定不止 50 分，也就是说，她比一般人做得要好。虽然有时也会出岔子，但很多事情她都做得很好，最重要的是她非常关心自己的女儿。

几乎所有给自己排名的来访者都会得出这样的结论：综合考虑各方面，她们都是高于平均水平的妈妈。我一直强调世上没有 100 分的妈妈，事实上，也并不是非要达到 100 分或接近 100 分才能胜任育儿工作。

如果你总是做比较，连续体技术会特别有用，你可以用它来确定自己和被比较的妈妈以及其他普通妈妈的实际差距，也可以通过它使自己聚焦在一个比较具体的育儿问题，而非类似你是"史上最糟糕的妈妈"这种笼统的想法上。例如，安杰拉认为自己不应该对孩子发脾气，那么画一个妈妈连续体会让她注意到其他妈妈也会吼孩子，使她明确自己在这个妈妈连续体上处于哪个位置。

连续体技术不仅可以帮助你处理育儿胜任力问题，还可以帮助你应对各种失败感。如果你认为自己是一个不称职的朋友、家人或员工，你可以在朋友、家人或员工的连续体上给自己排名，你会发现，你的排名要高于你的预期。

烤一张"完美主义"的饼，然后拿走其中属于你的那块

还记得第 5 章中的饼图的运用吗？我们利用它说明了引发焦虑的情况有很多、我们的掌控力是有限的，也可以用它来分析所有可能破坏我们完美计划的失控因素。

吉娅决定画一个饼图，描绘在图书馆听故事会时发生的意外。她画了一个饼图，里面包括所有导致她儿子威尔那天早上行为的可能因素，然后预估了每个因素在饼图中所占的百分比，她给那些对她儿子行为有更大影响的因素分配了较大的百分比。下面是吉娅画出来的饼图。

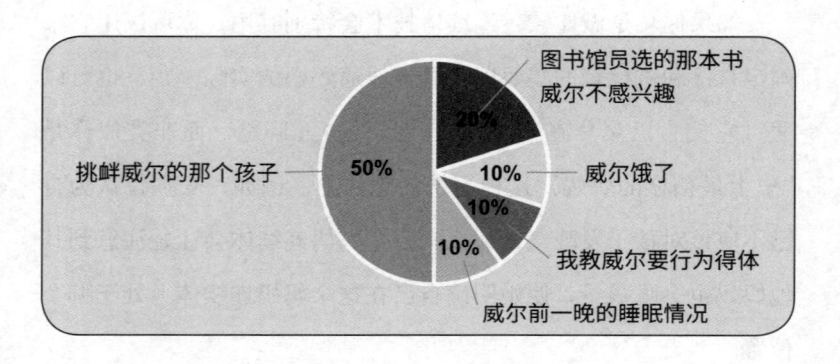

挑衅威尔的那个孩子 50%
图书馆员选的那本书威尔不感兴趣 20%
威尔饿了 10%
我教威尔要行为得体 10%
威尔前一晚的睡眠情况 10%

吉娅需要为这个饼图的哪几块负责？教导威尔要行为得体这块是毫无疑问的，也许在出发去图书馆前，她可以让威尔吃些点心。说到"睡眠"这块，我认为没有母亲需要对孩子的睡眠负责。即使母亲采用最好的睡眠方法，孩子还是可能睡不好。教育和饥饿这两块占整个饼图的20%，这意味着导致孩子崩溃的因素中，吉娅可以控制的只有20%。

如果吉娅还有勇气再报名参加图书馆的故事会，她需要改变对自己的期望。与其想方设法安排完美的故事会时间，她更需要尽最大努力做好自己负责的那两块，同时也要意识到，即使她把这两块做到百分之百，还有很多其他的因素会把这次活动变成一场灾难。

如果你强迫自己办一场完美的万圣节活动，或者准备完美的万圣节亲子装，你可以考虑画一个饼图，确定你能控制的是饼图里的哪几块，把精力集中在这几块上，但要记住，还有其他的因素可能破坏你的宏伟计划。在这里，你可以再次看到 DBT 中的**接纳和改变**：你需要接受你无法控制的事情，并专注于你能控制的事情。

问问自己：完美主义让我付出了什么代价？

当我开始制作马蒂的感恩节服装时，我真的很想把它做好。因为这是马蒂就读公立学校的第一年，也是我第一次有机会展示自己作为家长的体贴和认真。我以为学校里的孩子都会盛装出席感恩节，希望马蒂能借此跟他们打成一片，也想让大家知道，作为一位妈妈，我对学校的主题日和庆祝活动已经"上道"了。

如你所见，我上网浏览和学习，一心一意想做好这套服装，但当我看到其他父母为孩子制作的感恩节服装时，我的焦虑猛增。对我来说，哪怕制作一件只有网站上展示服装一成好的服装，都要付出大量的血汗和泪水。鉴于我之前的很多手工制作都是以灾难收尾，我甚至无法保证投入足够的时间和精力做出点儿像样的东西，更不用说我还要照顾一个两岁的孩子，以及完成自己的工作。

我想让马蒂看起来完美，我想成为一个完美的学前班学生家长，我想给家长和老师留下好印象，但代价是什么呢？

我决定权衡一下全力以赴制作这套服装的潜在好处和坏处。下面是我想到的：

努力制作完美服装的好处：

- 马蒂看起来会很棒
- 马蒂会和其他穿着漂亮服装的孩子们打成一片
- 家长和老师会认为我是一个有团队精神的人

努力制作完美服装的坏处：

- 太耗时间，并且我现在没有那么多时间
- 太耗精力，我现在也没有那么多精力
- 即使我尽了最大的努力，也无法保证这套衣服很好看

- 手工制作让我很焦虑

我权衡利弊后，最后决定不为这件事情牺牲我的时间、精力和心理健康。所以，我把一些东西随便拼凑了一下，然后就让马蒂穿着它去上学了，尽管这让马蒂看起来像一块马萨诸塞湾的海藻。

那天放学的时候，他们班里有些孩子确实穿着从网络上完美复刻的服装，马蒂显然不在此列。那天我不是最完美的妈妈，我不想撒谎，我承认自己在这次特殊的育儿任务中失败了，我也对自己的努力不足感到难为情。但我也意识到，和沦陷在网络照片里最后无功而返相比，这些不舒服的感觉不值一提。

关于完美主义的利弊还有一点需要补充。我接待的很多有完美主义倾向的妈妈都说，当她们看到自己半途而废、自己没有全力以赴准备孩子的服装、饮食或聚会时，会有**不舒服的感觉**。我让这些妈妈权衡一下这种不舒服的感觉与她们为了达到完美而不得不牺牲的东西，最后她们很多人决定，宁愿忍受这种不舒服，也不想继续把所有的时间和精力都投入不切实际的期望上。下面，我将介绍一些行为策略，旨在帮助妈妈们忍耐因表现不完美带来的不适感。

改变行为：四种行为策略

和改变思维方式对应对完美主义有很大帮助一样，改变行为也同样有效果。下面，我将分享一些有用的行为改变策略。

偷工减料

一般来说，大家不会觉得"偷工减料"是一件好事，这个词语让人联想到逃避责任、半途而废的懒人形象，但如果你是一个完美主义者，偷工减料反倒可以节省你的时间和精力。

卡拉是一位出色的妈妈志愿者，决定在今年她将要主持的幼儿园嘉年华上偷点儿懒。去年的嘉年华上卡拉全力以赴，准备了骑小马、弹跳屋等游戏，请来了专业的面部彩绘师，还为活动设计了T恤，拉来一台卡拉OK机和几箱手工制作材料，并邀请到了许多当地食品供应商售卖各种食物。

去年，每个人都称赞卡拉的工作做得非常好，但卡拉已经顾不上享受这些赞美，因为活动结束时她几乎筋疲力尽。当她同意今年再次主持活动时，她的家人要求她这次少做一点儿事。

卡拉是这样偷工减料的：她订了普通的T恤，而不是自己设计的；她决定只提供比萨饼，而不是来自不同供应商的各种不同食物；她取消了卡拉OK，只提供了一种手工制作用品。但她保留了大家真正喜欢的活动：骑小马、面部彩绘和弹跳屋。

卡拉在偷工减料方面遇到了一些困难，她知道自己并没有尽心尽力，于是产生了不舒服的感觉，并担心家长们会觉得今年的嘉年华不够好。然而，家长和孩子们似乎都很高兴，今年他们还给学校筹到了一大笔钱，这才是整个活动真正的意义所在。

卡拉意识到，只有自己一个人受到了狂欢节"不完美"的影响，她需要降低自己的标准，这样才能为未来的活动保存精力。卡拉也开始明白，偷工减料对她来说是一种暴露练习，这种练习越多，她的不舒服感就越弱。

委托他人并应对随之而来的不舒服感

除了取消嘉年华中一些很耗人力的环节外，卡拉还决定把一些工作委托给丈夫和其他志愿者朋友，虽然对此她很不情愿。如果你是一个完美主义者，你就知道委托他人有多难。

如果你不亲自负责某件事，就无法保证它按照你极高的标准被完成，但是你必须接受即使你来负责，事情也不一定会办得好这样一种可能性。卡拉请一位朋友来负责甜点，当她朋友订的蛋糕棒不够分时，一些孩子开始失望地吵闹不休，这让卡拉心烦意乱。对她来说，甜点不够分就跟提供的纸杯蛋糕沾染了大肠杆菌一样让人难受，但她不得不提醒自己权衡把这项任务委托给朋友的利弊，是的，她的朋友搞砸了（这是一个明显的坏处），但卡拉免去了一项会花费她额外时间和精力的任务（这是一个明显的好处）。事实是，还有很多可供孩子们选择的甜点，所以活动结束时也没有人饿肚子。

正如卡拉学到的，委托别人做事的诀窍是接受一个事实，即别人不一定会像你做得那么细致。当然，你可以通过委托负责任的人来避免这种情况。你的邻居总在倒车时撞到东西吗？那他就不适合负责准备灌篮器（dunk tank）[1]游戏。即便如此，你可能还是会发现帮助者做的事情并没有完全符合你的标准。希望你能像卡拉一样，提醒自己委托他人的利弊，认识到大多时候它带来的节省你的时间、精力和有益于心理健康等好处是大于坏处的。我们将在第9章讨论伴侣关系和第10章讨论大家庭时详细谈论委托他人的重要性。

利用日程表和计时器不脱离正轨

如果你正在努力降低自己的标准，不妨试试制订日程表和使用计时器，这两种方法都会迫使你对自己设定限制。妮科尔很喜欢时尚，她总是希望自己两岁和四岁的儿子穿得像在走红毯一样，因此，她经常花好几个小时浏览网站给孩子们买新衣服。当只有一个孩子的时候，这还没有什么，但为两个孩子挑选衣服使她很有压力，特别是当她沉溺于为寻找最划算的衣服而浏览所有她能找到的儿童时尚网站时。

妮科尔意识到，追求完美的网购让她不堪重负，消耗了她宝贵的自由时间和一大笔钱，但她真的很喜欢给孩子买衣服，不想把这件事情委托给丈夫，于是她决定把定期而不频繁购买孩子衣服加到她的日程表里。在她的购物时间开始之前，她列出了每个

---

[1] 也译为深水炸弹游戏，是国外集市上使用的一种机器。通常，有人坐在一大桶水上。其他人付钱尝试用球击中目标，将其从座位上击倒。如果他们击中目标，坐着的人就会掉进水中。

孩子必需物品清单，以及两三个她可能找到这些东西的网站，等到她真正坐下来购物时，她在手机上设置了一个定时器来提醒她什么时候结束购物。如果她需要购买特定的东西，比如一双新的运动鞋，她就定一个计时器，保证她在设定的时间里只购买这一件东西。

制订日程表和设定计时器既满足了妮科尔想给孩子买衣服的需求，又限制了她花在这件事上面的时间。起初，她对限制自己的购物时间感到不舒服，哀叹可能因此错过了一笔很合算的买卖或一套很棒的衣服。但随着坚持的时间越长，她就变得越舒服，也越高兴能拥有更多空闲时间去做其他事情。你一定注意到了，坚持制订购物日程表对妮科尔来说是一项暴露练习，与所有暴露练习一样，焦虑和不适感会随着坚持练习而减少。

你可以把**日程表和计时器**应用在各种潜在的完美主义情境中。例如，如果你担心自己会为某项类似生日聚会的活动过度准备，那就先决定你到底想花多少时间来准备，如果你不确定花多少时间合适，可以问问别人，然后将准备时间纳入你的日程表里，并设置一个计时器，到时间提醒自己。如果你怀疑自己在孩子的日常生活安排上有完美主义倾向，比如花很多时间给孩子挑选送人的完美的生日礼物或准备学校活动，日程表和计时器也可以帮到你。一旦你习惯遵循日程表和计时器，你会发现自己能更好地应对那些不完美的结果。

故意搞砸

丹妮拉一直都是完美主义者。早在有孩子之前，她给同事发一封普通的电子邮件都会花上好几天，反复阅读以保证语法"完美无误"；花好几个小时准备大型活动，希望看起来完美无缺；花好几年时间策划她所谓的完美婚礼，这丝毫没有夸张，她的丈夫、父母和公婆都很疲倦。

在有了孩子之后，她的完美主义达到了无以复加的程度，因为她突然有了更多的事情需要去做，而理论上这些事情都有被完美完成的可能，无论是安排完美的假期、搭配完美的衣服，还是给孩子找一所完美的幼儿园。我问丹妮拉，她为什么要一直保持完美，如果她发现电子邮件有语法错误，会怎么样呢？丹妮拉说不知道，但她怀疑这可能会让她"感到自己很糟糕"，会让她的同事觉得她很愚蠢。

所以我强迫她，对，我是一个虐待狂治疗师，我真的让她给同事发了一封有一个单词拼写错误的邮件。

我要澄清一下，这个任务是一次暴露练习，是我鼓励丹妮拉进行的诸多练习之一。这些练习都有同样的目的：故意把事情搞砸。而搞砸了的后果永远不会像丹妮拉这种完美主义者所担心的那样可怕，一旦他们意识到这一点，就不会那么害怕搞砸，也更能接受事情的不完美。

当然，我绝不会鼓励丹妮拉缺席一个重要的工作会议，或者冬天让儿子不穿夹克就去上学，或者尝试做其他任何可能有害的事情，她有很多小事可以用来做故意搞砸的暴露练习。丹妮拉的暴露清单包括：穿两只不同的鞋子送儿子去托儿所，在阳光明媚的日子里打着雨伞在纽约市散步，忘记了回复生日聚会的邀请，以及没有读完读书会指定的书籍。丹妮拉从清单底部压力较小的暴露开始，并逐渐往上接受压力较大的暴露。

在暴露练习过程中，丹妮拉越来越相信自己有能力忍受搞砸事情带来的不舒服感。她还意识到，人们对她不完美行为的反应并不像她担心的那样强烈。最重要的是，尽管她故意搞砸了一些小事，她仍然是一名成功的母亲、员工。

行为策略告诉你：不用成为完美的妈妈，你也能照顾好孩子

丹妮拉的暴露练习让她明白，作为一名母亲、一名员工，她不需要把每件事都做到尽善尽美。如果你通过暴露或"偷工减料"适度降低你的标准，我向你保证，你也会得出跟丹妮拉同样的结论。

花点儿时间回想一下你不遂愿的育儿经历，它们是彻头彻尾的灾难吗？还是最后也都进展顺利？我猜你育儿的经历并不顺利，但结果都还不错，你的孩子最后也过得很开心，或者至少能迅速走出失望的阴影。

尽管我们会希望像生日聚会和假期（详见第 12 章）这样的事情是完美的，但我们的孩子并不一定跟我们有同样的想法，他

们甚至不在乎事情是否按计划进行。我们很容易忘了我们举办生日聚会或做学校志愿者的初衷，说到底，我们做这些事情是为了孩子而不是我们自己。如果孩子们都不关心这些事情是否完美，我们为什么要关心呢？

关注积极面：你已经做得够好了

到目前为止，我们一直在讨论降低我们的期望与标准的认知和行为策略。然而，关注积极面也很重要——认识到我们擅长什么，并让这些技能派上用场。

写成功日记

我认识的大多数妈妈，即使是那些没有一心一意追求完美的妈妈，也倾向于关注她们认为自己做错了的事情，或者她们缺乏的优点。我也是这种人：我更有可能用我的"妈咪脑"反思自己的缺点，而不是承认自己的才能和成功。你会发现这是我们在第4章中讨论的一种思维陷阱：正面折损/负面过滤。

我们需要挑战我们正面折损的倾向，对自己做得好的地方给予肯定。在第3章中我们谈到，作为母亲，我们缺乏认可，很少有人告诉我们"你已经做得很好"。主动承认我们的成功可以提供一些我们需要的认可，来应对家人生病、小孩哭闹不止、讨厌的蹦床公园之旅带来的崩溃瞬间。

有几种方法可以做到这一点。我们可以使用前文讨论过的**检查证据**和**绘制连续体**的方法,这两者都要求我们收集证据来质疑自我批评的想法。我们还可以**写日记**,记录我们养育子女的成功点、工作上的成果,或者其他靠努力或天赋获得的成就。

最近,我让阿莉娅写了日记。阿莉娅是一个四岁孩子和一个婴儿的妈妈,她希望她的完美主义在生完二胎后能够有所改善,因为她已经积累了一些育儿经验,但事实并没有如他所愿,甚至变本加厉。对于两个孩子,阿莉娅总是觉得自己是一个不达标的母亲,而这个标准明显是非常高的。

然而,开始写日常成功日记后,阿莉娅对自己取得过这么多成功感到惊讶。这些成功有的是育儿方面的,例如让奥利维娅不怎么哭就睡着了;有的是处理人际关系方面的,例如通过短信支持一个压力很大的朋友;有的是给她带来快乐的意想不到的成功,例如成功把回收垃圾搬到路边,没有出现罐子或瓶子掉在路上的情况。

试着记录自己日常的成功。记住,没有什么成功是微不足道的,没有什么才能是无足轻重的。当你责备自己不够完美时,一定要翻看这本日记,它将会提醒你已经取得了如此多的成就!

发挥你的长处

在通过记日记来肯定自己的长处后,你就可以考虑如何运用这些长处做好一个母亲、伴侣、朋友或员工了。当我反思参考网络照片制作感恩节服装这件事时,我得出了这样的结论:如果一直强迫自己去做明知不擅长的事情,我撑不了多久,这种行为还会让我泄气和产生"不如人"的感觉。反之,我应该努力发挥自己的长处。好吧,我确实无法让儿子在感恩节上出彩,但我可以跟他一起坐下来,写一个关于感恩节起源的故事。我可以带他去图书馆,跟他一起读感恩节相关的书籍。我还可以教他唱我二年级时学的傻里傻气的感恩歌。

我在上一章已经提到发挥自己优势这一点,在这里我想多赘述几句:所有的妈妈都应该努力发挥自己的长处,不要总是关注自己做不到的事情,要关注自己能做的事情。重要的是要弄清楚你擅长什么,无论是擅长手工制作还是唱歌,烹饪还是辅导孩子,将你的这些长处融入育儿过程中。

阿莉娅在她的成功日记里列出了她擅长和不擅长的事情,并把它们命名为"阿莉娅的成功与失败"。阿莉娅首先考虑的是她短处:她不大会做饭,所以她做最基本的饭菜就行,而不要像她的美食家朋友一样去尝试新的菜谱,最后多半会失败。她对舞蹈一窍不通,因此,她肯定不适合成为女儿舞蹈学校后台的"舞蹈妈妈"(dance mom)[1]。她对乐高积木也一窍不通(我和她有共同的苦恼),不得不承认,当她的女儿在搭"沙滩度假屋"这款乐高拼图需要帮助时,她肯定无能为力。

---

[1] 出自美国一档真人秀节目《舞蹈妈妈》(*Dance Moms*),主要讲一家叫Abby Lee Dance Company的舞蹈学校里面的女孩、她们的妈妈和舞蹈老师之间的故事。

但是，阿莉娅是一位优秀的运动员，善于倾听，而且条理性强。所以，她就非常适合担任女儿的足球队教练，并在女儿与幼儿园其他孩子发生冲突时安慰女儿，以及给小儿子预约医生并带他去看病。阿莉娅发现，比起徒劳无功地制作有机南瓜泥或在后台召集一群芭蕾舞演员，做上面这些适合她的事情会让她更有存在感和满足感。

所有的母亲都有很多自己擅长的事情，当她们专注于自己擅长的事情时就会受益匪浅。更重要的是，当很多妈妈发现自己有虽然微小但有用的特长时，她们就可以利用这些长处。我想到了我的一些妈妈朋友，其中一个擅长用不太粘的糖霜把两块姜饼粘起来；另外一个朋友擅于搞定生日聚会上吵吵闹闹的孩子；还有一位朋友是个票务专家，能弄到最热门的儿童表演活动门票。

这是我学到的，也是我希望你们学到的，发挥自己的长处比纠结自己的短处要好得多。

第9章

"忙于育儿的同时如何滋养亲密关系？"

和伴侣并肩作战、携手同行

▼
▼

　　泰勒和她的丈夫都从事繁忙的全职工作，在生儿子之前，他们同意平分育儿的工作，但当儿子已经蹒跚走路、女儿也出生后，泰勒负担的育儿工作已经比丈夫重得太多。工作日午休时间她还在给孩子预约医生，在网上订购或者冲到超市购买儿童用品，而她的丈夫则在午休时间健身。泰勒把全家的日程表都记在脑子里，儿子所有的活动都是她带去参加。此外，当任何一个孩子半夜哭闹时，她是唯一起来安抚孩子的人。泰勒对丈夫的行为非常愤怒和怨恨，那个承诺过跟她平分育儿工作的人现在在哪里？

　　艾丽斯知道做母亲压力非常大，但有孩子之前她和伴侣香农都在共同应对所有压力，想象不到做母亲之后的生活会有多大的不同。然而，育儿对她的婚姻所造成的影响简直让她惊讶。她没有意识到她和香农好像总是在各自带一个孩子，几乎很少关心彼此。当设法交流时，话题又都离不开孩子，而且越聊越沮丧，尤其是在孩子的纪律问题方面，艾丽斯认为香农总喜欢大声嚷嚷，而香农则认为艾丽斯心太软。艾丽斯经常把孩子称为"埋在婚姻里的炸弹"。

我丈夫需要经常出差,尤其是在夏季。由于我们的两个儿子都是在四月出生的,这意味着在夏天的那几个星期里,前期我要自己一个人带一个孩子,后来变成带一个新生儿和一个三岁的孩子。当我的丈夫在西海岸的某个酒店与我视频聊天时,我怒火中烧。他在那边可以自由地吃饭睡觉,自由活动,而我却要承担所有的育儿责任。当他回家时,我对他很生气,恨不得把孩子直接扔到他脸上。但他也筋疲力尽,为了尽快回家搭乘了深夜航班。他告诉我,他讨厌出差,并为不能回家感到非常内疚,这让我为生他的气感到内疚。出差是他工作中不可避免的事情,我为什么要拿他出气?他已经尽力了,为什么我还这么生气?

大量研究佐证了一件有过孩子的人都知道的事实:**小宝宝会给夫妻关系带来极大压力**。产后,婚姻满意度和性生活频率都会下降。显然,艾丽斯把孩子称作埋在婚姻里的炸弹,并不是夸大其词。

有婴幼儿的夫妻会睡眠不足,情绪容易波动。他们几乎没有时间讨论刚落在他们身上的爆炸性事件,以及如何有效应对它们。很多夫妻,像泰勒和她的丈夫一样,努力更公平地平分育儿工作,但夫妻双方都有着各自的育儿观,如果他们的价值观差异很大,这可能会成为冲突的根源。

婚姻和伴侣关系是非常复杂的,世上没有两对夫妇是完全相同的。有了孩子的夫妻的关系中潜在的雷区需要一整本书才讲得完。本章的目的不是提供全面的夫妻治疗[1]，也不是为迫使母亲扮演传统性别角色的社会不平等现象提出解决方案。相反，我想分享一些CBT和DBT中容易掌握的策略，这些策略可以帮助我的妈妈来访者应对孩子给夫妻关系带来的影响。

在我们正式进入这一章之前，有几点需要说明。首先，我在本章中使用的术语是**"伴侣"**（partner）而不是**"丈夫"**（husband），我也不认为有问题的一定是孩子的亲生父母。我这里讲的伴侣是花大量时间和你及孩子一起生活，并且与你住在一起的人。

其次，我建议你花点儿时间重新审视第3章"价值观备忘录"中的"伴侣关系"部分，如果你还没有完成，那么先完成它。当你阅读处理伴侣关系的策略时，重要的是要记住你看重一段亲密关系和共同抚养孩子的哪些方面，参照你的价值观来决定选择什么样的策略解决你们关系中的问题。

最后，我希望你的伴侣也能够学习这些策略，因为其中一些策略需要他们参与，例如分配家务。如果你的伴侣不愿意学习，而你们的关系又确实受到了影响，可以考虑寻求夫妻治疗，这样有助于你们一起解决分歧。

---

[1] 也称婚姻治疗。是在夫妻双方都参与的情况下，就夫妻之间各种业已失调的婚姻关系问题，通过婚姻治疗技术予以调整而达到夫妻和睦的治疗方式。其理论基础包括精神分析理论、行为主义理论、人本主义理论和交往分析理论等。

商定"面对面交流时间"

如果在这章中我只能给你一个建议的话,那就是**你需要和伴侣谈谈**。我不在乎你的"妈咪脑"容量有多小,也不在乎你和伴侣的独处时间多么有限,你们需要抽出时间来交流。我已经记不清和妈妈们谈过多少次了,如果能开诚布公地和伴侣谈论自己的感受和需求,她们的很多关系问题也许是可以避免的。

很多刚做父母的伴侣都没有什么时间沟通,即使沟通,也通常心不在焉,或者忙着处理孩子的事情,或者沉迷于电视节目。有了孩子后,夫妻的交流模式也会突变,以前每天都会在晚餐时间和伴侣聊好几个小时的妈妈们,可能会连续好几天不跟伴侣谈论任何实质性问题。

还记得在第 6 章中,我们谈到的在日程表中增加一些基本事项,比如洗澡和锻炼吗?我认为安排与你的伴侣相处的时间也很重要,这是你和伴侣一起坐下来进行真正的面对面交谈的时间。交流的频率你可以自己定,但我建议至少每周一次。选择一个适合你们两个人的时间和地点,一定要选一个你们都不是很累的时间段,双方都把手机收起来,这样你们才能把注意力真正放在彼此身上。

我知道,对于一些夫妻来说,要找到彼此都有空的时间非常困难。米拉和她的丈夫工作都非常忙,而且两人必须交错着在晚上加班,这样才能确保他们中的一个能够回家陪孩子睡觉。米拉意识到,他们只能在周末进行面对面交流,晚上她比丈夫睡得早，所以，她觉得周六女儿午睡时是最合适的时间，本来这段时间米拉一般是用来看电视，她坦承自己不是很乐意把这项活动改成跟丈夫聊天，但她意识到，这是他们唯一可以交流的机会，她很重视这一点，也知道这对他们关系的健康发展很重要。

在面对面交流时要做什么？

如果你已经和另一半安排好面对面交流时间，那你们要谈什么呢？你们可以利用这段时间来聊聊今天过得怎么样，或者讨论前一晚看的那集《单身汉》(The Bachelor)[1]。你也可以跟伴侣一起回顾你们以及孩子一周的日程安排，并相互提醒彼此的工作和责任。稍后在讨论"家庭清单里的个人清单"时我们会细讲这一点。

你们也可以利用这段时间聊一些更为严肃的话题，比如你的情绪波动、伴侣做了什么让你不开心的事情，或者你期望伴侣满足你的哪些需要。不用说，谈论消极情绪肯定要比八卦为什么珍·F（Jenn F）[2]昨晚牵手成功却没有收到玫瑰花困难得多。我们下面将讨论一些策略，这些策略能帮助你进行有效的情绪宣泄、与伴侣争论以及向伴侣提出你的需求。

1　美国ABC晚上八点的一个电视节目，类似于国内的《非诚勿扰》。
2　这里指的是上面《单身汉》节目中的女嘉宾。

想吐槽还是想解决问题

贯穿本书，我们一直在谈妈妈如过山车般的情绪波动。你需要一个能倾听你的感受并认可你、给你建议的人，最佳人选是你的伴侣，他比任何人都更加了解你。不仅如此，他还跟你一起育儿。当然，你很多时候都想吐槽伴侣；或者，如果你觉得伴侣和孩子的联结太过紧密而无法帮助到你，你也可以向朋友求助，详见第 11 章。

和伴侣的面对面交流时间是**宣泄情绪**的最佳时机，这时你可以把你"妈咪脑"里的情绪宣泄出来，可以把它看成公开版的情绪检查。不过，在你开始宣泄情绪前，我建议你先明确自己想从伴侣那里得到什么。你只是想要一个听你吐槽的听众，还是需要对方帮你解决问题，或者两者兼有？

我的很多妈妈来访者都抱怨说，当她们想通过吐槽宣泄情绪时，她们伴侣的回应却只想着如何解决问题。事实上，我最喜欢的节目《公园与游憩》(*Parks and Recreation*)[1]中就有这样的场景。在其中一集，怀孕的安因为伴侣克里斯一直想用足底按摩和健康食疗来缓解她妊娠期的不适而感到很不高兴，在这一集的最后，克里斯终于意识到安真正想从他那里得到什么：安静地听她宣泄情绪，然后跟着回应"真是糟透了"就够了。

---

[1] 由美国著名的女性谐星艾米·波勒（Amy Poehler）主演的一部喜剧系列片，以纪录片的拍摄手法探讨人们与政府的互动关系，于2009年开始上映。

如果你只想吐槽，那就在开始前告诉伴侣，比如："我只想吐槽一下给孩子喂奶的问题，但我暂时不想解决它，我已经花了 6 个月来解决这个问题，我现在只想发泄一下我的情绪，说几句脏话，然后再吃点儿冰激凌。可以吗？"另一方面，如果你想解决问题，也要告诉伴侣，也许你需要他对你的育儿方式给予反馈，或想针对怎样给孩子进行有效的睡眠训练和他一起头脑风暴。无论你需要什么，都要让你的伴侣知道。下面会详细介绍要求对方满足你的需求的方法。

想法相左怎么办

新手父母经常会在一些事情上意见不一，我们都不可避免会经历意见分歧，尽管我们都很爱我们的孩子，都想把我们认为最好的东西给他们，也会拼尽全力为他们提供这些东西。在某些情况下，育儿分歧会演变成激烈的争吵甚至是彼此的恶语相向，这种情况尤其容易发生在父母双方都睡眠不足、精力不足，且缺乏心理资源来监控他们对彼此说的话时。

很多新手父母都会经历类似的冲突：杰夫很疲惫且易怒，他提出一个决定或意见，同样疲惫易怒的卡丽莎不同意。睡眠不足和心情烦躁导致卡丽莎完全处于情绪化状态，她怒斥杰夫，指责他错了。杰夫也恼怒了，极力为自己辩护。两人一声比一声高，怒火越烧越烈，最后什么问题也没有解决。

对于这种情况，可以考虑下面这个案例的做法：疲惫易怒的埃米觉察到自己对格雷格很生气，当她还沉浸在自己的情绪中时，她没有选择在这个时候告诉格雷格自己的真实想法，而是决定使用"成人暂停冷静"方法。她跟格雷格说，她很难过，现在无法处理任何事情，她需要一点儿空间冷静一下。她还让格雷格知道，等她好点儿后，也许是在下一次面对面交流时，她会跟他讨论自己的感受。

你估计会猜到我更推荐第二种做法。情绪化时期是最不适合和任何人谈论消极情绪和悲伤的，我们根本无法用理智的方式来理解对方、解决问题，相反，我们只会大喊大叫，进入防御状态。

当你对你的伴侣非常生气或感到沮丧时，我强烈建议你使用"**成人暂停冷静**"方法，在冷静后再思考在何时以何种方式跟伴侣表达你的感受。提前练习一下你要说的话，这样你就可以冷静、自信地讲述你的感受。

事先安排好面对面沟通的时间为你和伴侣提供了一个讨论消极情绪和察觉到自己被冷落的好机会。实际上，我认为"面对面"尤其重要，我一直强烈建议妈妈们不要通过短信和邮件跟伴侣解决分歧。从短信、邮件里我们无法读出对方的语气和肢体语言，尤其是短信，往往发得又快又冲动，容易导致双方说一些立刻就会后悔的话。

下面，我们将讨论在面对面沟通中出现冲突或意见不一致时，如何使用"我……"进行表达、确认、提问和总结。

以"我"开头的表述

为了有效表达你的愤怒、痛苦、沮丧等消极情绪,试试用"我……"这一表达方式。利用"我……"的表述聚焦冲突给你带来的感受,而不是你认为伴侣做错了什么事。我知道很多人会认为"我……"这种表述方式有点儿像夫妻治疗的套路,但我发现它能以一种有分寸且非评判的方式进行消极情绪的有效表达。

我的一位妈妈来访者格洛丽亚讲述,因为丈夫允许女儿在生日聚会上玩不适合她年龄的滑梯,她冲丈夫咆哮:"你是在开玩笑吗?你没看到那个滑梯上写着不适用于五岁以下儿童吗?她才三岁啊!她玩那个会摔断脖子的!"你可以看到,格洛丽亚正在攻击她的丈夫,并暗示他是一个不负责任的爸爸。她的丈夫回击说她"保护过度",然后气冲冲地离开了。

下面是用"我……"的表述版本:"你让埃拉玩大孩子才能玩的滑梯,我很担心。你知道,她的胆子很大,不知深浅,我担心她会伤到自己。我们可以谈谈如何保护她的安全吗?"

"我……"的表述之所以有效,是因为它不会激发对方的防御心理,除非它只是被伪装成"我……"的侮辱性话语,比如"当你表现得像个混蛋时,我真的很难过"。在之前对丈夫的评价中,格洛丽亚一直在指责他的疏忽,这引发丈夫为自己的行为作辩护,而在修改后的表述中,格洛丽亚只是表达她的感受——她的丈夫怎么可能反驳她的感受呢?修改后的表述可能会让丈夫道歉,有利于问题的解决(尤其是后面确认的部分,详见下文),

而不是引发一场激烈的争吵。

确认,确认,再确认

确认是 DBT 中的核心概念。该疗法认为,确认不是赞同对方,它传达的是,在特定的情况下,我们能**理解对方的想法、感受和行为**,并且**承认他人的观点中正确的地方**。

DBT 的创始人玛莎·莱恩汉认为,确认对方的观点有几个重要的好处:让对方知道你在倾听并重视他的看法;通过表达你对对方想法的理解,你就不会把注意力放在分清你们谁才是"对的"这个问题上,这有助于减少愤怒和防御,更有可能促进问题的有效解决和提供情感支持。

还记得我丈夫出差的事吗?我当时对他非常生气,因为他不用在家带孩子,但我没有从他的角度考虑问题,我的假设是,他想多晚睡就多晚睡,他可以吃好吃的东西,和其他人随便闲聊一些与孩子无关的话题,他还可以享受西海岸通常比我们这边好很多的好天气。

然而,我丈夫的实际情况是这样的:每天东海岸时间早上五点他就得起床,这是我们家平时的起床时间,而此时西海岸才凌晨两点。他一整天都在不停地开会,中午只能吃酒店大厅提供的难以下咽的午餐,每天晚上还要参加工作应酬,在这期间他必须保持工作状态,即使他从凌晨两点就起床了。他通常都是在会议一结束就坐飞机赶回家,这意味着他走进我们家大门时最多只睡了 4 个小时，他还因为一整周没有陪伴我和孩子深感内疚。我这样表达，你可以想象他的处境了吧？

我真希望当时能跟丈夫确认他的情况，如果我这么做的话，我就会意识到他也过得很糟糕。与其对他大喊大叫，把孩子甩给他，然后暴跳如雷，我可以这样说："听起来，你出差的压力很大，你几乎都没怎么睡，家里的压力也很大，我已经快受不了了。我们两个人都筋疲力尽，几近崩溃，这太糟糕了。我们应该要怎么办呢？"

承认我们两个人这一周都过得很糟糕，会让我们感觉彼此站在同一条战线上，同病相怜，而不是敌人。我们可以共同面对，想出一个缓解压力的办法——可以请父母、朋友或保姆帮忙看一下孩子，这样我们两个人都可以获得我们亟须的休息。彼此确认可以使双方的关系更加和谐。

要想完成确认，就必须在伴侣讲述他或她的经历时**认真倾听**。如果你无法做到有效倾听，可以考虑问伴侣一些需要对方进一步解释的开放式问题，而不只是回答"是"或"不是"。相比"当我留邻居一起吃晚饭时，你是不是生气了"，类似"当我留邻居一起吃晚饭时，你似乎很生气，可以告诉我发生了什么吗"这种开放式的提问会鼓励伴侣分享更多他或她的感受，也显示出你对他或她的回答很感兴趣。

我还想建议你不时地总结一下伴侣的话。例如："所以，你本想在家里度过一个安静的夜晚，但我没有征得你的同意就邀请他们留下来。"通过总结对方的表述，也表明你在倾听对方，并确保你正确理解了伴侣所表达的意思。

一旦你和伴侣完成了相互确认,接下来就可以考虑问题的解决了。但是,如果你们中的一方或双方还沉浸在情绪中,无法有效解决问题,那就要商量后续解决问题的时间,也许是在你们下次面对面沟通的时候。

还有一种我认为对新手父母来说非常重要的特殊确认类型:**确认伴侣的育儿价值观**。详情参见下面方框里的内容。

确认伴侣的育儿价值观

对于如何抚养孩子,我们每个人都持有截然不同的想法,这些想法往往是我们自身成长过程中的产物。有时候我们会以父母为榜样,照着他们的方式育儿;有时我们会故意选择与父母截然不同的育儿方式。

在本章的开头,我提到了艾丽斯因为她的伴侣香农对孩子们大喊大叫而感到很沮丧。艾丽斯来自一个成员之间无论情绪好坏都不怎么表达的家庭,而香农来自一个很吵闹的家庭,家庭里的每个人表达情感的方式都非常夸张。虽然艾丽斯对大喊大叫感到不舒服,但香农觉得这很正常,反而认为艾丽斯太宽容了,"让孩子为所欲为"。

在治疗过程中,艾丽斯努力培养她的确认技能。随着时间的推移,艾丽斯发现她和香农解决孩子纪律问题的方式都没有错,只是他们都受到各自小时候所接受的不同管教方式

249

的影响。艾丽斯看到这一点后，就开始跟香农进行更具实质性的沟通，讨论在孩子行为不端时该如何制止这种行为，这是比大喊大叫或视而不见更好的解决办法。

如何要求伴侣满足你

很多妈妈会抱怨伴侣不能满足她们的需求，这些需求有些是非常实际的，比如分摊家务；有些是情感上的需求，比如伴侣不是好的情感倾听者，或两者兼而有之。当我问这些妈妈是否直接向伴侣提这些要求时，很多人都承认没有。有些人认为没有向伴侣明确提出她们的需求，伴侣也要能够主动察觉出来。另一些人则觉得表达自己的需求让她们感到很不自在。

关于寻求帮助，我在第 6 章中讲过，在这里我想再强调一遍：不要指望你的伴侣或其他人知道你的脑子里在想什么，或任何时刻都能觉察你的需求。不管你的需求微不足道还是意义重大，如果想得到满足，你都必须告诉伴侣。DBT 中有一个策略叫"如你所愿"（DEAR MAN），会让你的需求表达变得容易一些。

DEAR MAN 是首字母缩写词，分别代表**描述事实**（Describe）、**表达自我**（Express）、**提出诉求**（Assert）、**强化诉求**（Reinforce）、**坚定诉求**（stay Mindful）、**表现自信**（Appear confident）、**协商妥协**（Negotiate）。在下面的方框中，我对"如你所愿"的每一个成分进行了定义。

第 9 章 "忙于育儿的同时如何滋养亲密关系？"

定义"如你所愿"

- **描述事实**。只讲述事实，用非常清晰的语言描述当下讨论的情况。

- **表达自我**。用"我……"表述方式，表达你对当前情况的感受和看法。

- **提出诉求**。清楚地提出你的诉求，如果你不想做别人要求你做的事情，就说不。

- **强化诉求**。描述对方按照你的要求去做会产生的积极结果，或对方不按照你的要求去做会产生的消极后果来强化你的需求。

- **坚定诉求**。专注于你所需要的，不要分心，不要跑题。不断重复你的诉求。如果对方攻击你，忽略他的攻击，继续提出你的诉求。

- **表现自信**。保持眼神交流。采取自信的姿态，说话大声清晰。不要用"我不太确定"这种会削弱你的论点的话。

- **协商妥协**。可以适当降低你的要求，或者对问题的其他解决方式持开放的态度。如果你对某些事情明确说"不"，要想想还有哪些你能接受的问题解决方式。

我们通过多尼娅的例子阐明下什么是"如你所愿"，她使用这个方法改变了丈夫对待岳父岳母的方式。

多尼娅的丈夫布赖恩对岳父岳母一直都没有什么耐心，虽然多尼娅承认自己的父母确实有些专横和固执己见。在多尼娅和布赖恩有了孩子后，岳父岳母经常来他们家，这让布赖恩快要崩溃了。他极其厌倦听他们讲要怎么育儿，并为他们不断给孩子买超级大又无法组装的新玩具感到恼火。

结果是，每当多尼娅的父母前脚到他们家，布赖恩后脚就走开，这让多尼娅很尴尬，她需要给父母解释布赖恩去哪儿了："他在车库忙事情""他忙了一整周，需要休息"。多尼娅开始感到不安，尤其是当她母亲问布赖恩是不是讨厌他们时。多尼娅决定用"如你所愿"技术来和布赖恩讨论这个问题。

在他们约定的面对面沟通时间里，多尼娅做了一次"如你所愿"练习：

- **描述事实**。"每次我父母一来，你就离开房间。上周我妈妈问我你是不是讨厌他们，还问他们做了什么让你不想见他们。"
- **表达自我**。"当我父母来了，你人就不见了，我真的很纠结。我总要为你找借口，这让我也很尴尬。你无法和我父母好好相处这件事让我感到很难过，我也为我的父母感到难过，他们知道你不喜欢他们。尽管我知道我的父母有时真的很难相处，我也为你没有努力解决这个问题感到生气。"
- **提出诉求**。"我真心希望你可以在我父母来的时候有意和他们聊聊。"
- **强化诉求**。"如果你稍微努力一下，他们走了之后，我的心情会好很多，我们也就不那么容易吵架了。我担心，如果事情继续这样发展下去，我会开始感到非常愤怒和怨恨，这会危及我们的婚姻。"

- **坚定诉求**。当布赖恩强调多尼娅的父母有多烦人时，多尼娅确认他的观点并继续强调，她希望她父母来的时候布赖恩留在房间里并和她的父母聊聊。
- **表现自信**。多尼娅决定通过照镜子的方式提前练习怎样向布赖恩提出请求。她保持良好的眼神交流，说话大声清晰，并采取自信的姿势，当她真正向布赖恩提出诉求时，她是坚定而直接的。
- **协商妥协**。多尼娅和布赖恩做了很多讨论，也为布赖恩做了一些让步，多尼娅同意跟父母谈谈，让他们不要再送那么多玩具。他们还讨论，在父母来访之前准备一些聊天话题。有些话题，比如家庭装修、维修的想法和旅行，布莱恩实际上是很想和岳父母讨论的，因此他提出这些话题是有意义的。最后，布赖恩和多尼娅约定好一个信号，如果多尼娅的父母真的烦到他，布赖恩就会向多尼娅发出这个信号，这时，布赖恩会进行几分钟的"成人暂停冷静"，而多尼娅会尝试转移聊天话题，并让她的父母做其他的事情，比如带他们到外面参观花园、让儿子给他们唱他在学校里学的一首歌。

在他们进行了"如你所愿"讨论之后，多尼娅发现布赖恩不再那么抗拒跟她的父母见面，也变得更有耐心。他的表现绝不是完美的，有时候需要"成人暂停冷静"的时间也比她以为的要长，但总的来说，他们的情况得到了明显改善。

不要忘了表达积极情绪！

到目前为止，我们一直在谈论如何与伴侣讨论消极情绪。但是，让伴侣知道你很开心或做得好也很重要。你可以分享育儿过程中感觉很美妙的时刻，比如孩子做了一些令人惊讶的事情，或者你搞定了一个育儿问题。我发现，如果你能和伴侣分享这些育儿上的成功，你会更有满足感。

当伴侣做了让你高兴的事情，无论是无足轻重的小事还是颇费苦心的大事，你也要对他表达感激之情，比如陪孩子参加你不愿参加的幼儿园运动会；负责接送孩子上下学，这样你就有更多的工作时间；给孩子做午餐；或者主动给你按摩背部。

是的，你需要让伴侣知道你什么时候失望了、什么时候需要更多支持，但你也需要提供积极反馈来进行平衡，这样伴侣就知道你认可他的努力，这会鼓励他继续努力。积极反馈也有助于缓冲消极反馈造成的打击，我的一位妈妈来访者每次面对面沟通都是以正面的评价开始，然后才转向消极情绪或表达不满。

当我们谈到感激的话题时，请记住，你也值得被欣赏和肯定！即使基于实际需要和可用性，你和伴侣达成了协议，由你来负责孩子的事情，你还是有权得到对方的感激。去吧，用"如你所愿"对话获取对方的感激。

约会之夜是最适合你和伴侣互相表达感激之情的机会。请参阅下面方框里关于如何正确安排约会之夜的内容。

如何安排约会之夜

定期的约会之夜对维持亲密关系和重温有孩子之前的生活非常有用，但它很少被作为优先事项去考虑。

如果你发现很难安排约会之夜，无论是出于经济原因还是时间安排上的原因，或两者兼而有之，那么你需要发挥你的创造力。在简西·邓恩（Jancee Dunn）的《如何能在有孩子后不恨老公》(*How Not to Hate Your Husband after Kids*)一书中，她讨论了与另一个家庭轮流照看孩子的做法，你可以定期把孩子交给他们，然后安心去约会，他们也会定期把孩子交给你。当你的孩子大一些时，你可以考虑社区在教堂、儿童游乐园、运动场举办的家长之夜。邓恩指出，这些地方照看孩子的费用比请保姆便宜得多。

我还告诉我的妈妈来访者，可以定期在家安排约会之夜。例如，每周或隔周的周末晚上，等孩子们睡觉后你们再吃晚饭，并在晚饭后做一些有趣的事情，如看电影或开始性生活（这一点稍后会详细介绍）。当然，随着孩子逐渐长大，他们的睡觉时间会更有规律，你们安排约会之夜也会更方便。

> 如果可以的话，约会之夜最好多谈一些积极的、与孩子无关的话题，或利用这个机会向伴侣表达感激之情。尽量避免无聊的、与孩子有关的话题，这些话题不如留给面对面沟通时间。不管采取什么形式，都要确保"约会之夜"成为你与伴侣积极互动的机会。

当我们讨论关注积极面时，还有必要记住一点：你和伴侣是一体的。我在讨论我丈夫的出差问题时提过这个想法，如果我们是一个团队在面对两人都迫切需要休整一下这个问题，我们就会把精力集中在怎么获得休息而不是争吵上。如果你们把对方视为互相支持的队友，你们就更有可能通过合作来解决问题、应对压力。

谈谈性

这里有一个大家看到可能会震惊的消息：研究表明，在孩子出生后，夫妻之间的性生活会减少，尤其是在孩子出生后的头几个月。产后对性生活提不起兴趣的原因可能有多种：缺乏时间和精力，我们总是筋疲力尽，"妈咪脑"超负荷运转，经常被各种复杂的情绪所吞噬；我们可能正在经历激素变化，特别是哺乳期，很多妈妈说哺乳真的会抑制性欲。正如一位妈妈曾经跟我说的："以前我期待袒胸露乳地发生性行为，现在我一整天都露着胸，我真不想再看到它们。"

在孩子开始蹒跚学步后，夫妻的性生活也不一定会改善。如果孩子整天都粘在你身上，你不会对和伴侣进行身体接触感到兴奋的。还有，刚学会走路的孩子似乎总有一种直觉，总会在你们发生性行为的关键时刻醒过来，喊着要找你。

我的很多妈妈来访者都不愿意和伴侣谈论性，我知道，这是一个很尴尬的话题。但是，对性保持开放性的沟通非常重要，即使你真的碰都不想碰对方，也要让伴侣知道你的情况。至少，这样的沟通可以让你有机会跟伴侣解释你缺乏这方面的欲望，也让伴侣了解你当下的经历。

开诚布公地讨论性可以给你们提供机会一起考虑维护亲密关系的不同方法。有很多方式可以表达爱，不一定要通过性，比如两人依偎在电视前，甚至只是依偎在一起刷手机；还有与伴侣进行的任何积极互动，无论是互相扶持、表达感激，还是赞美对方的外表，都可以让亲密关系升温。

在某些特定情况下（一天中的某个时间点或某个环境）你可能对性生活更有兴趣，或者可以做一些安排来提高对性生活的兴趣。比如，伊丝拉发现，如果晚饭后能休息一下，晚上她会对性生活更有兴趣，她把这一点告诉丈夫，丈夫同意每周至少有一天晚上他来照顾孩子，这样伊丝拉就可以休息一下。

事实上，伊丝拉和丈夫把周五晚上定为了"性爱之夜"。我知道，制订一个性爱计划听起来不是那么浪漫，但它可以保证性生活的实现。如果事前做好准备，你会更容易进入状态。

最重要的一点是不要回避和伴侣谈论性，即使你还没考虑过性爱这件事。和伊丝拉和她丈夫一样，你们也需要花时间来弄清楚为了维持亲密关系，你们双方可以做些什么。

最后一点：有些夫妻发现，即使双方尽量开诚布公地讨论，也尝试解决性方面的问题，但是他们的亲密关系还是举步维艰。如果你和伴侣也是这样，请考虑为你自己、伴侣或两个人一起寻求性治疗。

分而治之：如何分担家务

还记得本章开篇的泰勒吗？在儿子出生前，她和丈夫同意平分育儿工作，但在孩子出生后，她发现自己承担了大部分的育儿工作，包括晚上安抚孩子。为此，泰勒非常怨恨丈夫，不明白为什么这跟他们当初说好的共同养育孩子的计划完全不一样。

对于泰勒的丈夫约翰来说，他并没有主动推卸责任，他只是已经习惯由泰勒全权负责。泰勒承认，虽然丈夫也会做指派给他的事情，但自己很少要他做什么，因为她发现自己做事情更方便。

我从我的妈妈来访者和朋友那里听过无数类似泰勒这样的故事，事情通常是这样的：夫妻双方说好要共同抚养孩子，最终却变成了妈妈一个人的事。这与很多研究发现是一致的，这些研究表明，妈妈会比爸爸花更多的时间跟孩子在一起，花更多时间在家务上。

长期以来的对母亲和父亲角色的文化期望不同，导致了育儿付出的性别差异,这是一个复杂的问题。如今,照顾孩子的大多数任务仍然被视为是"女性的工作",并且女性从小就被社会化成为照顾孩子的人。妈妈们通常承担着所谓的"精神负担"或"隐形劳动":她们几乎承担了全部的家务事,比如安排约会、购买衣服和礼物、跟医生和老师沟通,以及提供情感支持。你可能也听说过"第二轮班"(the second shift)[1]这个概念,它描述了职业妈妈被期望同时处理好工作,并照顾好孩子与家庭的社会现象。

显然,这种不平等是一个巨大的问题,只有社会规范、对妈妈们的态度和期望发生深刻转变才有可能解决。不过,我们可以通过使用CBT的策略,努力在更微观的层面做出改变,在亲密关系中实现更为公平的家务分工。

在继续讲后面的内容之前,有一点需要注意。我知道不是所有人都想对家里原有的家务重新分工,你可能满意现状,甚至把负责家里的一切作为你的价值观,这体现于你在阅读第3章时完成的"价值观备忘录"中。如果是这样的话,那就没有必要改变现状了。

---

[1] 社会学家阿莉·拉塞尔·霍克希尔德(Arlie Russell Hochschild)在《职场妈妈不下班》(*The Second Shift*)一书中提出的概念,主要指尽管女性在外面有工作,仍要承担大部分的育儿和家务工作的现象。

划分"家庭清单里的个人清单"

在前文中,我提到了《纽约时报》中一篇题为"妈妈,被指定的操心者"的社论。在这篇文章中,朱迪思·舒勒维茨(Judith Shulevitz)认为,妈妈往往比较操心,她们要承担照顾孩子和家庭的责任。妈妈来访者们利用舒勒维茨所谓的"家庭清单里的个人清单"(List of Lists)来记录这些责任,清单详细列出了需要为孩子们做的每一件事,以及完成每项任务所需的所有步骤。

问题是,妈妈们是清单的保管者,她们的伴侣并不了解清单上的内容。就像泰勒的丈夫一样,有的伴侣甚至都不知道需要做什么,他们以为那些事有人做就可以。

如果你想和伴侣更公平地育儿,你需要和伴侣坐下来,把清单中所有与孩子和家务相关的内容全都写下来,即使是最微不足道的任务。事实上,这些微不足道的任务放一起也会非常耗时。

一旦你把清单写好了,你们双方就需要决定每一项任务由谁负责。需要考虑的一个重要因素是安排的**协调与合理**,不要给自己或伴侣分配可能由于工作安排问题或由于还有其他事情要做而无法完成的任务。根据你们各自的日程表来安排合适的任务,工作繁忙、时间不灵活的妈妈或爸爸,可以安排一些没有时效性的事情,比如在网上购买下一季的衣服、制订假期计划或收拾之前的婴儿用品。

另一个需要考虑的重要因素是**双方的长处**。还记得在第 8 章中我们讨论过发挥父母长处的重要性吗?你和伴侣需要清楚自己的长处，然后从表中选择最适合自己的任务。

以我和我丈夫为例。挑选小孩子的衣服方面我比较在行，而我的丈夫搭帐篷比我强很多，所以我负责买孩子的衣服，他负责参加童子营（Cub Scouts）[1]的事宜。这里，我指的是所有事情，包括修补孩子的制服、记录做童子军会议的情况、做会议志愿者等等。如果他只是负责送萨姆去参加一年两次的童子营，那大部分童子营的负担最终还是会落在我的肩上。我们根据各自擅长的领域来分配清单里的任务。

需要注意的是，清单上的任务不需要完全对半分。如果父母中的一方比另一方工作时间更长，或者负责一些照顾年迈父母这类重要的任务，那么有更多时间的一方可以多承担一些任务。最关键的是，你和伴侣要一起研究这个清单，并根据你们的日程安排和长处，共同协商达成一致的任务分配。

下面是泰勒和约翰的任务清单的部分摘录。请注意，他们两个人承担的都是具体的任务，这样他们就清楚自己需要负责什么事。还要注意，泰勒和她的丈夫承担的都是一整项任务，而不只是任务的一部分。

---

[1] 童子军或童子营，是美国一个民间组织，以发展儿童户外活动和优良的公民精神为主要目标。

泰勒和约翰的清单摘录

约翰：

- 每天给布伦丹准备幼儿园午餐
- 洗碗（包括洗奶瓶）：星期一、三、五
- 扔垃圾（星期四）/废品回收（星期五）
- 布伦丹的足球活动：报名（八月份截止），购买球服、鞋垫、护腿板，在共享日历上注明足球活动，帮布伦丹做活动前准备
- 庭院工作：割草、种植
- 周末洗衣服
- 夜间：如果孩子在下半夜（凌晨一点到六点）哭闹

泰勒：

- 预约医生和牙医（在共享日历上注明）
- 给家人和朋友买生日礼物
- 洗碗（包括洗奶瓶）：星期二、四、六、日
- 给孩子买衣服
- 工作日洗衣服
- 夜间：如果孩子在上半夜（晚上八点到凌晨一点）哭闹

泰勒和约翰：

- 带孩子去看医生和牙医

- 参加布伦丹学校的活动
- 购买食材（几周一次）
- 跟幼儿园保持联系（确保学校给两人都发邮件）
- 与朋友或家人的周末共度计划（在共享日历上注明，跟家人确认）

最后，他们的清单中提到了共享日历，我推荐所有家庭采用这种方式，这个日历上包括所有与孩子、工作和家庭的相关任务安排，伴侣双方都可以看到、完善。我个人认为在线共享日历非常高效，不过也有一些我的来访者比较喜欢写在大白板上。

请记住，随着孩子逐渐长大，清单中会添加更多的活动，所以清单需要经常更新。一定要保证它的时效性，否则它就没有什么用了。

列出清单并分配任务在理论上是很简单的，但实践起来却很有挑战性。下面是我的一些妈妈来访者通常会**遇到的困难及其对应的解决方法**。

心怀不满而不愿意改变

很多妈妈很难摆脱内心的愤怒和怨恨，并且对改变现状的可能性视而不见。她们觉得不应该花时间指导伴侣、让他们知道要承担哪些育儿工作，而认为伴侣自己应该知道要怎么做。如果你是这样的妈妈，我劝你退一步，先做一些确认工作。

在泰勒写她的清单之前，我建议她先确认约翰的情况，这样可以消除她对约翰的怨恨。泰勒意识到，约翰确实想分担照顾孩子的责任，但不知道该做什么，他对泰勒的育儿能力很有信心，所以他很依赖她。一旦泰勒确认了约翰的看法，她就有好的心态和约翰坐下来讨论他们的清单分配。

我认为接纳也是关键。不管伴侣是由于自身养育经历、社会期望还是其他原因，除非给予他们一些指导，否则他们无法胜任育儿的工作。也许你的伴侣真的不知道给孩子定期预约医生和牙医是非常有必要的，不知道幼儿园入园需要提前6个月就进行报名注册，也不知道外婆的生日是3月25日。

所以，你可能不得不充当老师，可能需要用一次、五次甚至十次面对面交流，让伴侣知道要做什么以及怎么做。你可能需要从较小的请求开始，然后逐渐提出更大的请求，或者你可能需要把复杂任务进行拆分，这样你的伴侣就可以每次完成一个。短期来看这确实挺耗时，当你的伴侣连煎饼都不会做，顺风车也不会打，你可能真想一头撞死算了。但从长远来看，这么做最终可以帮你节省大量的时间，因为你的伴侣总归可以帮你分担一些家务活。你可以把这个过程看成对未来的投资。

等太久

在第一个孩子出生后，一旦具备基本的育儿知识，知道育儿需要做哪些事，你就要**尽快**和另一半划分好清单任务。有不少妈妈跟我抱怨，他们夫妻照顾孩子的模式在孩子还是婴儿时就建立了，并且持续到孩子会走路甚至年龄更大的时候。一个典型的例子是很多妈妈在早期就形成了"孩子醒你就跟着醒"的模式（部分是由于正处于哺乳期的原因），这导致后来孩子在晚上就离不开妈妈了。尽早在不用哺乳的时候让另一半负责照顾孩子，就能解决孩子一睁眼离不开妈妈这个问题。顺便说一句，我就是证明这个方法可行的活生生的例子，时至今日，当马蒂晚上醒过来，他喊的是："妈妈！爸爸！妈妈！爸爸！"

双方无法合作

玛尔塔刚和丈夫讨论了清单，她感到非常沮丧。最后他们似乎吵了起来："我告诉他该做什么，他觉得我在欺压他，还说我很'挑剔'。"我告诉玛尔塔，我理解她和她丈夫的沮丧。我强调，他们就清单的讨论和后续的育儿讨论，都需要采用合作性的对话。玛尔塔和她的丈夫需要一起做决定，这样他们都能参与和投入育儿工作中。只有这样，他们才觉得自己在育儿的某些方面发挥了应有的作用。

当你们在讨论清单时，确保你们是用**"如你所愿"**的对话方式，用**开放和确认**的方式陈述你们的需求、偏好和意见。

不愿放手

在来咨询的妈妈中，我发现有一种平等育儿的重要障碍是妈妈自身，这些妈妈理论上希望在育儿上能更平等一点儿，却又不愿意放弃对育儿的控制权，她们最终还想决定伴侣是否能参与以及怎样参与育儿。这种现象被称为**母亲守门员效应**（maternal gatekeeping）[1]。

例如，丽贝卡就是家里洗衣服的"守门员"。衣服需要按照她的方式来洗，当丈夫无法达到她严苛的洗衣标准时，她就直接接管了，不让丈夫再碰这事。曾经有妈妈这样跟我说，对于洗碗、准备饭菜之类的日常家务，还有与孩子相关的事情，比如预约挂号和看医生、生日聚会计划，她们总是看不惯伴侣的办事方式，所以，她们把伴侣拒之门外，自己来做这些事情，即使这样做会耗费她们很多时间，并且使她们感到愤怒和怨恨。

还记得我们在第8章谈到的"委托他人"吗？我当时提过，有时候你委托的人不会完全按照你的标准办事，伴侣也是如此，他们不像你一样会做午餐或整理床铺，也不像你那么善于搭配孩子的袜子和衬衫，但只要你的伴侣做得还算令你满意，比如孩子确实有穿袜子，而且你也从她或他的帮助中受益，那么你就要学会挑战自己接受他们的帮助。你甚至可以提前和伴侣沟通，就清单上各种任务可以接受的最低标准达成共识，比如每周至少要洗多少次衣服、午餐至少给孩子吃多少蔬菜。

把这个当成一次暴露练习。让伴侣接管某些事情一开始可能会让你感到焦虑和不舒服，但是随着时间的推移，你会慢慢习惯

---

[1] 也译作固守母职，由心理学家阿伦和霍金斯于1999年提出的一个概念，指母亲约束、限制、控制和拒绝父亲参与到家务劳动和教养孩子活动中去的行为。家庭领域的研究者曾把母亲比作花园主，而父亲是园艺工，花园主会看守好花园的大门，定期开门或者关门，监督、约束园艺工培养花朵（孩子）的活动，使园艺工保持一定的劳动量。

他或她的做事方式。再强调一下，记住要发挥你们各自的长处，如果有一项任务是你伴侣做不来的，那就你自己去做吧，但要确保你的伴侣做他或她擅长的或至少表现得还不错的工作。一旦你习惯了委托他人，你就会因为负担的减少而感到轻松许多。

第10章

"我才是妈妈!"

应对关系复杂的大家庭

佩姬跟朋友抱怨她生活在"婆婆的唠叨"之中。就像你在电影里看到的那样：佩姬的婆婆会突然出现在她家里，对所有事情指手画脚——从婴儿背带（"你为什么整天把孩子绑在身上？"）到上托儿所问题（"你能不能早点儿去接加文？他在托儿所待了一整天了"）。佩姬的丈夫也知道他的妈妈很难相处，但他一直没说什么，因为怕妈妈伤心。佩姬尝试对婆婆更有耐心，但她不知道自己还能撑多久。

罗蕾莱知道住在自己附近的家人可能会打扰到她，当得知自己怀的是双胞胎时，她还是满心期待能有父母和兄弟姐妹在她身边给予帮助。生下双胞胎后，她惊讶地发现家人们竟然很少来看望她。她以为父母是那种乐意参与孙辈养育的朋友型父母，事实恰恰相反，刚刚退休的父母把大部分时间都花在了打牌和旅游上，只有路过罗蕾莱家的时候才会稍作停留。她的哥哥和姐姐对这对双胞胎的兴趣也不像罗蕾莱期望的那样。罗蕾莱抱怨说，早知家人不怎么帮忙，还不如住在离他们远一点的地方。

有儿子之后，每次在公园或图书馆看到别人家的爷爷奶奶，伊马尼都非常难过。抚养她长大的父亲在几年前就去世了，她非常思念父亲，甚至常常想，如果他还在世的话，知道自己可以做外公，该多么开心。伊马尼有时会嫉妒她的朋友，他们的父母和公婆都住在附近，是孩子生活的重要组成部分，他们似乎有一个巨大的家庭成员支持网，而伊马尼只能靠自己。

我来自一个喜欢拥抱的家庭，我丈夫家也是如此，当马蒂不喜欢跟亲戚拥抱时，我非常震惊。在他小的时候，除了我、丈夫还有萨姆，马蒂对和别人的拥抱完全不感兴趣。萨姆则与他形成鲜明对比，到现在萨姆还会开心地拥抱经常给我们家送快递的快递员。当马蒂还小的时候，因为他不够热情，我觉得有必要跟亲戚们道歉，跟他们说"不是你们的问题，是他的问题"。马蒂的行为让我感到非常尴尬，我知道强迫他跟亲戚们热情打招呼和道别是不对的，但似乎别无他法。

大家庭的关系总是很复杂，孩子还会让这种关系更复杂，我上面写的只是冰山一角，新手父母和亲戚间的各种经历，我还有很多可以分享。

无论你在面对什么样的家庭关系压力，DBT 和 CBT 都有能帮助你应对这些压力的策略。当然，家庭问题会涉及他人，你无法直接改变他人，所以，你必须专注于改变自己的想法和行为，这样才有可能激励你的亲戚们也做出改变。

在继续下面的内容之前，我们需要先做两件事。首先，我建议你花一分钟看一下你的"价值观备忘录"中的"大家庭"部分，这些价值观有助于指导你采用合适的方式与亲戚们进行有效互动。

其次，本章中的 CBT 和 DBT 只是集中解决孩子出生后大家庭出现的常见问题，它们无法帮助你解决家族遗留问题。如果你想解决**长期存在的家庭问题**，建议你向家庭治疗师或个人治疗师寻求帮助，如果你发现与大家庭的问题已经严重影响到你的日常生活，你也可以从以家庭为中心的治疗中受益。

和"唠叨的婆婆"设定边界

像佩姬一样，我们很多人身边都有这种过度介入（overinvolved）我们生活的亲戚。"过度介入"有很多种形式，比如不请自来的姨妈、质疑儿科医生每一个建议的爷爷，或者坚持每次都要检查孩子粪便的奶奶。此外，妈妈们对"过度介入"的界定也存在很大的差异，对这位妈妈来说会造成烦扰的行为对那位妈妈来说可能是有帮助的。无论你如何定义"过度介入"，只要你觉得一个亲戚侵犯了你物理上的空间或情感上的空间，你就要好好运用**确认和"如你所愿"**技术了。

一定要确认！

还记得在上一章中，我们讨论了确认在解决与伴侣的冲突中的重要性吗？我指出，试着理解伴侣的想法可以帮助你更好地从他或她的角度看问题，能为减少愤怒和有效解决问题奠定基础。在处理与亲戚的冲突时，确认同样有用。

我的来访者佩姬的婆婆经常对她"喋喋不休"，我建议她试着从婆婆露丝的角度来看问题。佩姬注意到，丈夫汤姆的两个兄弟姐妹住得很远，这让露丝很伤心，因为她无法经常见到她的其他孙子孙女。佩姬和汤姆就住在她附近，当他们有孩子后，她非常激动，她终于可以把无法给其他孙子孙女的疼爱都投入佩姬的孩子身上，把"溺爱孙子的奶奶"这一身份诠释到了无以复加的地步。

另外，佩姬还意识到露丝的很多育儿观念都过时了，那些都是露丝自己刚做妈妈时流行的育儿观。当露丝不停地给佩姬提建议时，她自己会认为在给佩姬提供一些有用的信息，但没有意识到这些信息已经完全过时了。

所以，当露丝对用襁褓包裹孩子喋喋不休时，佩姬感到愤怒，不过她试图理解露丝是在关心加文。佩姬也承认，对于一个生活于育儿条件比较简陋的 20 世纪 80 年代的母亲来说，襁褓可能是一种酷刑。虽然确认并未彻底改变佩姬对露丝的看法，佩姬还是会对婆婆的不断干涉和评判感到很沮丧，然而，这确实让佩姬进入到另一种不同的"妈咪脑"模式，她对露丝的愤怒和怨恨开始转变成共情，也更愿意努力改善彼此的关系。

在使用确认的同时，提醒自己**关注到亲戚的积极面**也很有用。在第 3 章中，我们讨论了正面折损/负面过滤的思维陷阱，当我们陷入这种陷阱时，我们只关注负面反馈或自己的消极面，而忽略积极面。这也会发生在我们的亲戚身上，我们经常被他们的负面特点惹恼，以至于无视他们的优点。当思考露丝的优点时，佩姬承认加文很黏露丝，并且露丝还是能帮上一些忙，让她和丈夫可以有休息的机会。佩姬承认，她真的很感激这一点。

认清你能改变的和无法改变的

在佩姬花了一些时间对露丝进行确认后，我让她思考一下，针对她和露丝的关系，她觉得哪些是可以改变的、哪些是无法改变的。遗憾的是，和过度介入的亲戚之间的关系总有一些方面是很难改变的，比如他们跟你的距离或他们的某些性格特点。拉斯叔叔就住在你家对面，不要认为只要你学会冷静，所有问题都能得到解决。不过有一些方面还是可以改变的，这些方面应该成为你努力和投入精力的重点。

下面是佩姬的清单。

我无法改变的：

1. 我们和婆婆的住址
2. 露丝非常固执己见的事实
3. 露丝不会筛选信息的事实
4. 露丝总是想多见见加文的事实
5. 汤姆爱他的妈妈并愿意迁就她的事实

我能改变的：

1. 露丝来访的频率
2. 露丝来访时我要不要在场
3. 露丝来访我们可以做什么事
4. 我带加文去婆婆家的频率
5. 我如何回应露丝的挑刺儿
6. 我如何跟汤姆谈论他母亲

我喜欢这样的清单，是因为它可以把你的注意力从那些你无法解决的事情上移开，迫使你去思考那些你能控制的事情，这样有助于你直接进入应对过度介入的亲戚的下一步：**设定边界**。

边界设定入门

一旦制订了类似上面的清单后，你就可以开始考虑是否及如何跟这个亲戚设定边界。我知道"设定边界"这个概念已经成为大众心理学的陈词滥调，不过，我仍然认为设定边界是一项至关重要的练习，因为它迫使妈妈们仔细思考她们要接受亲戚的哪些帮助、拒绝哪些帮助，并把这一点传达给亲戚，下一节会详细介绍。

你设定的边界可以是比较笼统的，如"我不希望妈妈突然出现"；可以是具体的，如"如果我妹妹跟我一起去看露西的舞蹈表演，她不能在观众席上大声尖叫，以至于每个人都回头看我们"；可以是物理上的，如"我不会把家里的钥匙给我爸爸"；也可以是情感上的，如"如果我哥哥批评我，我就不会跟他一起待在房间里"。妈妈设定的边界取决于她所处的情境和她的价值观。当你思考你的边界时，一定要参考你的"价值观备忘录"。

可以在多个不同的领域中设定边界。可以对家庭成员如何对待你或你孩子设定边界，或对他们在某事或某个地方的行为设定边界。例如：

1. 多久来你家一次
2. 什么时候来你家
3. 来你家做什么
4. 给你的孩子买东西的频率/类型
5. 什么时候打电话/视频
6. 一次允许来多少人
7. 哪些家庭成员可以同时探访
8. 你能接受/无法接受的家庭成员的行为

在设定边界时，不仅要考虑你能改变的事情，也要考虑你无法改变的事情。比如像佩姬一样，如果你的亲戚住得很近，并且总是要来看孩子，那么你设定每三个月探望一次的边界可能就不合适了。

佩姬设定的边界：

1. 露丝可以经常过来，但我们会要求她每周在固定的时间过来，这样既能保证她看到加文，又能使我们知道她什么时候会来。
2. 露丝照顾加文的时间是在我上班的那两天，她会提前去托儿所接加文，整个下午和晚上都跟他在一起。
3. 如果露丝想在周末过来，我们会要求她提前告诉我们什么时候来，我会趁机出去买东西，实现我设定的自我照顾目标。如果汤姆和我需要待在家里，我们会让她带加文去公园、图书馆等地方。
4. 如果可能的话，我们会尽量把周日下午和晚上留给我们的小家庭，以享受三口之家的天伦之乐。
5. 如果露丝开始大声唠叨，我不会坐视不理，而会借口离开房间并进行"成人暂停冷静"。如果我回来时，她还在唠叨，我会像对待加文哭个不停时一样，换个环境。
6. 如果露丝的意见让我难以忍受，我会使用"如你所愿"策略和她谈谈。

与佩姬不同的是，卡门与家人相隔大半个国家的距离，她和丈夫都来自中西部，他们的家人还住在那里，而卡门一家现在搬到了新泽西州。卡门不得不为家人的探访设定边界，涉及他们怎么联系、家人给孩子寄多少东西。

卡门设定的边界：

1. 每次探访最多四个人住在我们家，如果超过这个人数，有些家人就必须住酒店，我们让大家轮流住我们家和酒店。
2. 当探访我们的亲戚时，我们会轮流住在亲戚家。
3. 我们会设置固定的视频时间，这样就不用在一天中比较混乱的时刻，比如吃饭或晚上上床的时候跟亲戚视频。
4. 我会让妹妹不要每天都给我发要看孩子照片的信息。我会在周日晚上把孩子们的照片上传到共享相册里，这样大家都可以看到。
5. 我们让父母和兄弟姐妹只在必要时才给孩子寄礼物。
6. 当家人来访，我们会请他们帮忙至少照看孩子一晚，这样我们两个人就可以出去，得到一些远离亲戚和孩子的空间。

请注意，卡门和佩姬设定的边界都非常具体，就像 CBT 一样，只有当你明确自己会用不同的方式行动时，变化才会发生。在卡门的例子中，这体现为边界陈述的差别，如"当亲戚来访时，我们不能让太多人住在我们家"和"当亲戚来访时，最多四个人可以住在我家"。只有高度具体化的边界设定才有可能实现。

如果你完成了边界清单，我强烈建议你在"如你所愿"讨论中和你的伴侣分享这个清单，这些边界中有不少是需要你的伴侣配合的，所以他们的反馈很重要。例如，如果佩姬希望把周日晚上定为三口之家的时光，那么这需要丈夫也同意才能实现。

此外，你的伴侣有权利权衡这些边界会对他或她的家庭成员带来怎样的影响。请记住，在设定边界时，重要的是要考虑到家庭成员的个性和环境中无法改变的因素，你的伴侣可能比你更清楚那些边界对他或她的父母、兄弟姐妹等亲戚的影响。此外，正如我们将在下面讨论的那样，如果你希望伴侣与你一起给家人设定边界，你们就必须在边界设定上达成共识，这样才能有效改变。定期的面对面沟通是讨论家庭边界设定的绝佳时机。

表明你的边界

我知道你在想什么："这些边界设定看起来很美好，但要跟我的母亲解释清楚这些边界，那就只能祝我有好运气了。"

我承认你的母亲可能很难对付，我也没有天真到认为你所有的要求都会得到同意。你的母亲完全有可能继续不请自来，但是，坚定地表明边界远比默默忍受要好得多。根据我和妈妈们的经验，这多多少少会让亲戚们的行为发生改变，并让妈妈们感到更有力量。

还记得我们在上一章学习的"如你所愿"对话吗？当你想跟亲戚进行边界设定时，你也可以使用这个技术。实际上，无论何时你向何人提出请求，**"如你所愿"**对话都能帮助你实现愿望。

下面是佩姬运用"如你所愿"对话实现让婆婆只在约定时间过来看望孩子的例子。

- **描述事实。**"现在加文长大了，我也重新开始工作了，我正在努力制订每周的家庭时间表。"

- **表达自我**。"在我上班的那几天,为了能够准时回家,压力挺大的。并且我认为我、加文和汤姆养成规律的生活习惯很有必要,这样可以减轻大家的压力和负担。"

- **提出诉求**。"我在想,如果你能在每周的周一和周三来带一带加文,那就太好了。那两天我要工作到很晚,真的很需要你的帮助。你可以早点儿去幼儿园接加文,然后和他一起玩到我下班回来。"

- **强化诉求**。"'奶奶专属日'对加文来说将是一件非常美妙的事情,因为他知道可以跟你单独相处。我想这对你来说也很好,因为我们不在的时候,他肯定会有不同的表现。我必须承认,我很难接受贸然来访,你可能也已经注意到了,当有人不请自来,我会有点儿暴躁。如果我知道你什么时候来,这样我就没那么紧张,也可以顺便多准备点儿晚饭。"

- **坚定诉求**。尽管露丝很关心在约定时间以外还能不能再见到加文,佩姬还是坚定了自己的要求。

- **表现自信**。佩姬在沟通过程中一直保持着眼神接触,语调坚定平静。

- **协商妥协**。露丝最后表示,她对约定看加文的两天没有意见,但她真的希望加文也可以多去她的公寓,这样她就可以给邻居"炫耀"一下她的孙子。她们同意在每隔一周的周六上午把加文送到她的公寓,佩姬意识到,这对她和丈夫来说也是一个机会,因为这让他们有时间出去买东西、锻炼,或过二人世界。佩姬和露丝还想出一个计划，如果露丝在约好的时间以外想看加文，她可以给佩姬发信息，确认时间是否可行，如果不行，则会重新商量一个合适的时间。

请注意，佩姬用了很多"我……"的表述，且都是阐述自己的需求。她没有提及露丝频繁突然造访让她多么抓狂，相反，她表达的是，维持正常的日常生活规律及平衡工作与家庭对她来说很有压力。

佩姬的计划并不完美，露丝确实在约定的日子来访，但她有时还会以要拿一些东西给他们为由突然造访。不过，这种突然造访的情况比以前了少很多，佩姬觉得自己对这件事情的掌控感大大增强。

一些有效的边界讨论的技巧

尽管我在上面写得很清楚，跟充满爱的、善意的亲戚进行"如你所愿"对话可能会有些困难。下面是一些提示，可以帮助你更轻松地完成这个对话：

1. **提前演练**。还记得在上一章中，我们讨论了提前演练对有压力的对话的重要性吗？这有助于你自信地表达自己的观点，而不会陷入情绪化的思维。我建议你找个朋友假扮你的亲戚，这样你就可以练习如何回应亲戚可能提出的疑虑。

如果是你和伴侣一起设定边界，你们两个人都需要演练。我听妈妈们抱怨说，当她们试图给亲戚设定边界时，她们的伴侣语焉不详、不置可否或淡化要求，从而无意中削弱了她们要传达的信息。如果你和伴侣意见不完全一致，就很难给亲戚划定边界。

2. **不要同时设定所有边界**。一次性给亲戚设置全部的边界会让他们大受打击、不知所措，比如："所以，顺便说一下，如果你能只在周六来我们家，别再给杰登买 800 片的乐高积木，别在杰登幼儿园老师面前说他的不是，别每次来都带那么多食物，就太好了！"可以一次给他们设定一个边界，让他们慢慢适应。你还需要在每提出一个边界后坚持一段时间，定期提醒他们，直到他们真正做到为止。如果你担心他们难以接受你的边界，你可以使用"登门槛"（foot in the door）策略[1]，先跟亲戚提一些小的要求，等他们答应了再逐渐提大的要求。

3. **注意区分自信、被动攻击和主动攻击**。根据我的经验，亲戚们的意见和批评通常以两种方式表达：一种是主动攻击型表达，即亲戚通过大声和充满敌意的方式表达他们的想法；另一种是被动攻击型表达，即不直接说出他们的感受，我在之前提过这种表达，某位亲戚说你的某个育儿方法"很有意思"，或者她或他"从没有听说还可以这样养孩子"。有的妈妈认为，她们

---

[1] 指的是在提出不能接受的较大要求之前，先提出可能接受的较小要求，从而诱使个体依从较大要求的态度或行为改变方法。

需要根据亲戚的表达方式，以牙还牙地做出回应。

我强烈建议你不要冲动地以牙还牙，而是考虑采取坚定而自信的方式，冷静、明确地提出你的要求。不管你的亲戚如何对待你，如果你以自信的态度回应他们，我保证你一定能更成功地设定边界。

4. **当面谈**。我在上一章谈到用短信和电子邮件进行沟通存在的问题，强调重要的谈话需要当面谈，如果对方住得很远，至少要用电话或视频进行沟通，我认为对边界的讨论也应该如此。短信或电子邮件不是有效的边界沟通方式，正如我已经提过的，很难通过这些方式读懂一个人的语气，你自认为的自信在亲戚看来可能是咄咄逼人。此外，面对面沟通让亲戚有机会及时回应你，这样你可以跟他们进行有来有往的协商。

5. **不要忘了肯定成功的改变**。一定要肯定你的亲戚在边界方面做的任何改变。比如，佩姬会感谢露丝在她工作期间帮忙照顾加文，并指出加文非常喜欢早点儿被从托儿所接走，去和奶奶玩。就像对待伴侣一样，表扬会让你的亲戚继续按照你的希望去做、更愿意做出其他的改变。

批判性思考如何回应亲戚的挑刺儿

阿里和她的哥哥嫂嫂住在同一个镇上，他们两家各有两个年幼的孩子，她很高兴有机会和哥哥一起体验为人父母的经历，但是，她没有意料到两家的育儿方式会如此不同。哥哥嫂嫂对所有育儿方式都有自己的看法,他们禁止孩子接触电子产品,而阿里和丈夫允许;他们认为对孩子进行睡眠训练很残忍,而阿里认为有必要;他们认为必须母乳喂养,阿里则选择奶粉喂养。

阿里明白,父母养育孩子的方式各不相同,他们有权发表自己的看法,但是,她的哥哥嫂嫂总是不停地对阿里的育儿选择挑刺儿。比如,关于孩子看电子屏幕的时间问题,阿里的哥哥总说:"阿里,你知道吗,儿科医生告诉我们,小孩子每天盯着屏幕的时间不应该超过一小时,你的小家伙们看的可不止这个时间啊。这对他们的成长发展不利,你真的要好好考虑限制他们使用屏幕的时间。"像这样的评论在阿里的脑子里不断重复,因此她不大愿意和哥哥待在一起。

我完全理解阿里的感受,批评真的让人很难忍受,而且还会让你想躲避那些喜欢批评的亲戚。但作为一名CBT治疗师,我不赞成采用回避这种应对策略。下面是我给阿里的一些建议,教她如何处理她对哥哥嫂嫂的感受:

1. **不要上当**。起初,阿里会为自己的育儿方式辩护。比如,在哥哥发表孩子看屏幕时间的评论后,她辩驳道,他们表姐的女儿在不会说话前就迷上了《糖果传奇》(*Candy Crush*)电子游戏[1]。现在她已经九岁,也没出现什么问题。但是,阿里意识到她永远无法改变哥哥的看法,事实上,每次她试图为自己辩护

---

1 一款类似于《连连看》的益智游戏。

时，只会让哥哥会更加坚定他自己的看法。

  因此，当哥哥嫂嫂挑阿里的刺儿时，她不再上他们的当。相反，她选择了一个常见的回应："好的，我会考虑一下。"并决定在他们挑刺儿后都这么回应，然后努力尽快转移话题。如果没有做到，她会采用快捷的"成人暂停冷静"技术，等重新回到房间时，她就会冷静下来。而此时，她的哥哥嫂嫂已经把在讨论其他话题了。

2. **确认并试着理解亲戚**。就像我们之前讨论过的，试着理解亲戚的成长经历很有帮助，确认并站在他们的角度，可以让你用同理心而不是恼怒来回应他们的挑刺儿。

  阿里意识到，她的嫂子来自一个人人为己的大家庭，嫂子形容自己的童年是混乱不堪的，她希望自己的孩子不用经历这些，所以，她非常重视规则并严格遵循专家的建议。了解了嫂子的成长环境后，阿里完全理解了嫂子的规则意识。

  实际上，阿里嫂子的很多育儿价值观都受到她混乱童年的影响，这导致他们夫妻双方的育儿价值观与阿里夫妇大相径庭。了解这一点后，在倾听哥哥嫂嫂有关正确哺乳和上幼儿园最佳时间的最新看法后，阿里会努力从他们的角度进行理解。

3. **有话直说，必要时开始"如你所愿"对话**。如果"不上当"和确认都无法有效帮助你消除亲戚的批评引发的消极情绪，我会建议你把你的感受直接告诉他们。

  坦白说，妈妈们不喜欢我的这个建议，她们不想再生事端。孩子和伴侣的事已经够她忙的了，为什么要强迫她们再费神关注其他事情呢？但是，如果她们选择的替代方法是回避亲戚，我会强烈建议有话直说。

如果我建议你和挑刺儿的亲戚进行"如你所愿"对话，我想你不会对此感到意外。一定要使用"我……"的表述，这会使得谈话围绕你自己而不是对方展开，可以最大程度减小你的亲戚感到被冒犯或进入防御状态的可能性。

下面是阿里和她的哥哥进行"如你所愿"沟通的一些要点：

> 当你和莉萨对我的育儿方式发表意见时，我很生气。我知道你们是出于好意，想要帮忙，但这反而让我觉得自己受到了批评，我会进入防御状态。请你们相信，如果我需要你们的指导或建议，我会主动问你们。我也会在你们需要的时候给出我的意见。

如果你想和一个喜欢挑刺儿的亲戚进行这样的对话，我们到目前为止讨论过的所有进行艰难对话的规则都适用：想好你想说的话并提前演练；在你们都不会分心的时间段谈谈；尽量当面、通过电话或视频沟通，而不是通过电子邮件或短信。

4. **想想亲戚好的一面**。在处理亲戚的批评时，考虑他或她的积极品质会所有帮助。例如，阿里承认她的哥哥嫂嫂非常有趣，他们非常擅长跟她的孩子玩，很关注孩子，并带两家孩子一起外出郊游。阿里很重视哥哥嫂嫂在她孩子的生活中所起的作用。

想想亲戚好的一面并不一定能让你坦然接受批评，但可以提醒你注意到你们关系中所有美好的东西，这样可以让他们容易接受你的边界设定。

向"冷漠的父母"提出需求

在这一章的开头，罗蕾莱很惊讶地发现，她的父母和兄弟姐妹在她的双胞胎出生后很少来看他们。我遇到过很多妈妈抱怨亲戚过度介入孩子的生活；也有不少妈妈抱怨亲戚不怎么关心她们的孩子，也没有提供什么帮助。对于后面这种情况我听说过两种，一种是亲戚不来，另一种是亲戚来了但完全不理孩子。显然第二种会让人更恼火，因为很多妈妈发现她们既要招待这些亲戚，同时还要自己照顾好孩子。

遗憾的是，一厢情愿的热情和刚刚烤好的布朗尼蛋糕都无法强迫一个不太关心孩子的亲戚变得宠爱孩子，但你可以采取措施来改善他或她与你的孩子以及你自己的关系。和过度介入的亲戚一样，你可以从确认和考虑你能改变与不能改变的方面入手，然后聚焦于表达你的感受，并直接提出你的需求。

找到你可以确认并能改变的东西

当亲戚对孩子似乎没有什么兴趣时，像罗蕾莱这样的妈妈们会感到受伤和失望，这是很正常的。但是，我还是强烈建议妈妈们跟亲戚确认，就像对待过度介入的亲戚一样，这有助于她们理解亲戚，也更愿意花工夫改善关系。

例如，罗蕾莱意识到，她的父母从她十几岁起就一直在谈论退休的事情。他们两人之前从事的都是高要求的工作，都渴望退休后旅行、培养长期被忽视的爱好，因此，花时间在家里照顾一个小宝宝不一定是他们优先考虑的事情，这是说得通的。罗蕾莱的弟弟和妹妹都比她小，而且还都是单身，罗蕾莱意识到，当她在他们这个年纪时，也和他们一样，更喜欢和朋友约会。

此外，在确认不热心的亲戚时还要考虑代际问题。有些亲戚可能不熟悉如何照顾孩子，因为他们已经很久没有照顾过孩子，或者是因为他们还没做过父母缺乏经验。亲戚不参与照顾孩子可能是缺乏自信，而不是不想参与。

在试着从亲戚的角度来看待这种情况后，请考虑一下能改变和无法改变的事情。罗蕾莱承认，由于家人们所处的人生阶段不同，父母和弟弟妹妹都不会首先考虑帮她照顾孩子，罗蕾莱也无法要求他们假装喜欢孩子。然而，她可以改变与父母及弟弟妹妹的沟通方式，虽然到目前为止，她只是抱怨他们不热情，并跟丈夫吐槽这件事。

如何向亲戚多提一些要求

很多妈妈来访者暗自对亲戚不参与育儿过程感到失望和受伤，但又不愿意向亲戚求助。是的，我知道给父母打电话说"你们为什么不喜欢我的孩子？"这种做法并不讨喜，但你可以采用更有分寸的方式来表达你的失望以及改变的诉求。就像处理亲密关系一样，你可以使用"我……"的表述方式，并进行"如你所愿"的要求。

对不怎么参与的亲戚来说，有效的"我……"表述包括："当我听说你从我家附近经过却没有来看我们时，我感到很伤心。""当你拒绝莉莉幼儿园的活动邀请时，我感到很失望。""当你发信息告诉我你很想念尼基，但我问你什么时候来我家你却不回复我的信息时，我感到很困惑。"

请你记住，"我……"是一种有效的表述方式，因为它没有指责他人，不会激发防御心理。这种表述仅仅是在传达你的感受，并为有效进行"如你所愿"对话打好基础。

进行"如你所愿"对话

你可能会抗拒对亲戚进行"如你所愿"对话，认为这样是在强迫他们花时间陪你的孩子，而他们并非真的想这样做。但你有没有想过，某些亲戚其实可能很乐意帮你带孩子，却没有提出来，是因为他们没有意识到他们的帮助对你如此重要，或者他们也在等你主动求助他们。我的一位妈妈来访者卡拉[1]就认为她的婆婆没有兴趣帮她带儿子，后来她才发现，婆婆只是担心自己太咄咄逼人，所以一直犹豫不决，她在等卡拉夫妇主动提出求助。

---

1 第8章中出现的主持幼儿园嘉年华活动的卡拉（Kara）与这里希望婆婆帮自己带儿子的卡拉（Kala）并非同一人，只是译名相同。——编者注

如果你期望某个亲戚更多地参与照顾孩子，就使用"如你所愿"来提出要求。你所请求的帮助或支持一定要具体，恳求亲戚"多来看孩子们"远不如"周六晚上过来和我们一起吃晚饭"或"我们带伊恩去看医生时，过来帮忙照看萨拉"有效。在寻求帮助时要有策略，比如选择一个你妈妈不打麻将或你姐姐不用上班的日子，并根据你的需求变化调整你的具体请求。

每当罗蕾莱需要帮助或想见父母和弟弟妹妹时，她都会使用"如你所愿"。以下是她利用"如你所愿"要求父母参加她女儿的第一次舞蹈表演的案例：

- **描述事实**。"埃琳娜和埃姆的舞蹈表演两周后举行，我很希望你们都能来。"
- **表达自我**。"如果你们能出席孩子们的重要时刻，这对我来说意义重大。我知道你们很忙，也很享受参加退休后的新活动，但是，当你们拒绝活动邀请时，我会很难过、伤心，因为我希望你们能够在孩子的生活中扮演重要的角色。"
- **提出诉求**。"我希望你们周六可以来观看舞蹈表演，然后我们一起去餐馆吃午饭。"
- **强化对方**。"如果能看到你们在观众席上，女孩儿们会非常高兴；她们也会为自己的舞蹈感到骄傲，并且因为祖父母为她们加油而感到非常幸福。对我来说，能和你们一起观看她们的第一次舞蹈表演也将是一件快乐的事。"
- **坚定诉求**。尽管母亲还是有些迟疑，因为参加孙女们的舞蹈表演会让她错过读书会，罗蕾莱还是会继续提出她的请求。
- **表现自信**。罗蕾莱在沟通时保持着眼神接触，语气坚定平和。
- **协商妥协**。罗蕾莱的父母同意来观看舞蹈表演，但提出可不可以不一起吃午饭，这样她妈妈就可以赶上读书会尾声。这与罗蕾莱的期望不一致，她想让父母跟她一起吃午饭，但她也意识到，让父母观看演出是她请求中最重要的部分。

罗蕾莱发现"如你所愿"对话有时管用，但并非每次都管用。最后，她不得不接受这样一个事实：她的家人根本没有像她希望的那样爱她的孩子。她和我讨论她如何建立亲密的朋友群，这些朋友可以给她提供她的父母和弟弟妹妹无法提供的支持和热情。我们将在下一章详细讨论有关如何寻找朋友社群的问题。

成为教练

如上所述，一些亲戚可能会对你的孩子不那么热情，因为他们对自己与小朋友互动的能力缺乏信心，这可能是因为年龄、个性等方面的原因。如果你怀疑是这种情况，我建议你策划一些亲戚能够接受的与孩子互动的活动并付诸实践，利用这个机会给亲戚做一些潜移默化的指导。

例如，假设斯蒂芬阿姨喜欢购物，你女儿很喜欢跟她一起去购物中心。但是斯蒂芬有点儿犹豫，因为她"不知道五岁的孩子喜欢什么"，甚至不知道现在流行什么珠宝头饰。你可以陪她们一起去购物，鼓励女儿告诉斯蒂芬她喜欢什么，并鼓励斯蒂芬学你女儿说话的方式、给你女儿讲讲她小时候是怎么打扮自己的趣事。

多次进行这样的活动,你的亲戚就能和孩子相处得比较好,最后你就可以让他们单独相处了。

走出亲人离世的悲伤

还记得一直在努力适应父亲已离世这件事的伊马尼吗?许多失去亲人的妈妈发现,不论是亲眼看到还是在电视上看到孩子永远无法拥有的那种充满爱的大家庭时,她们都无法抑制内心的悲伤。

首先,我会建议这些妈妈进行**自我关怀**,强调她们的悲伤和遗憾是可以理解的,因为她们遭遇了亲人的离去。如果你也正在为亲人的离世而挣扎,我建议你接纳自己的失落、悲伤和遗憾,而不是试图忽视或回避它们。如何做到这一点,请参阅第 2 章。

不用说,走出这种悲伤通常是一个漫长而艰难的过程,需要的时间和精力远远超过我在这里能给予的。下面,我将分享一些相对简单的应对策略。

1. **给孩子看离世亲人的照片和视频**。给孩子看离世亲人的照片,并把这些照片放在家里显眼的地方。当孩子长大后,给他们讲照片中亲人的故事,如果你有亲人的视频,也可以考虑给孩子看看。我的两个孩子都能从照片上认出我的外祖母——独一无二的"心心奶奶",我别提有多开心了。
2. **庆祝他们的生日或节日**。在我祖母"牙牙奶奶"100 岁诞辰那天，包括孙子和曾孙在内的所有晚辈一起品尝了她曾经最喜欢做给我们吃的巧克力曲奇饼干，这提供了一个给孩子们介绍她的绝佳机会。我也建议你继续保留离世亲人喜欢的节日庆祝仪式，并让孩子知道这些仪式的起源。

3. **分享他们的"精选集"**。离世的亲人有没有口头禅？我的"心心奶奶"一说口头禅"我需要我的解药"就是在表达她想要我们的拥抱或亲吻。你的亲人有没有喜欢的歌曲或活动？如果有，你可以跟孩子分享，让他们知道你和这些亲人一起唱歌或活动时的样子。

4. **以你离世亲人为榜样**。你可以把离世亲人作为育儿的榜样。例如，伊马尼想以她父亲的育儿方式为榜样，我让她把父亲的典型育儿方式列了一个清单，包括当她在学前班受欺负时，父亲是如何应对的，还有她父亲如何安排她的就寝时间。伊马尼觉得，有意模仿父亲的育儿方式，可以让父亲也在儿子的成长过程中留下痕迹。

5. **建立"胜似亲人的朋友圈"**。如果你没有很多家人支持，或家人已经离世，又或者他们离得很远，可以试着建立支持你的"胜似亲人的朋友圈"。有关如何做到这一点，详见第 11 章。

理解不喜欢与亲人互动的孩子

你应该还记得，马蒂小的时候拒绝和亲戚拥抱，甚至都不跟他们说"你好"和"再见"，我对此感到很头疼。在为马蒂的不礼貌道歉一年之后，我留意到了妈妈博客上关于强迫孩子拥抱亲人的危害的文章。许多育儿专家认为，强迫孩子拥抱别人破坏了我们期望孩子学会的一个基本原则：我们的身体由我们自己说了算。如果他们不愿意，就不要强迫他们做出亲近行为。

所以，我决定不再强迫马蒂跟亲戚拥抱。然后我问我自己，为什么我这么在乎他有没有跟亲戚热情打招呼。

对我来说，强迫孩子与亲戚互动的部分原因来自**我想取悦他人的冲动**。我想让那些花时间来我家的亲戚觉得他们这么做是值得的，我也想让这些亲戚看到我是个鼓励孩子发展良好社交技能的好妈妈。当然，我爱马蒂，也爱我的亲戚们，所以我很自然地希望他们喜欢彼此。

正如你所知，我一直在宣扬接纳，我最终不得不在这个问题上接纳自己。马蒂不会像萨姆那样热情地欢迎亲戚，而我的道歉只会让大家更关注到这个问题。就像我们在第 8 章中所讨论的那样，我们无法一直控制孩子的行为。我最终意识到，让孩子给亲戚留下好的印象不是我的工作，我的工作是鼓励孩子成为他自己，即使这意味着他会成为地球上最不喜欢拥抱的人。

我还挑战自己去审视这个问题。我想到。除了没有打招呼外，马蒂会热情地向亲戚们展示他收藏的总统头像硬币，或想办法他们跟他一起玩游戏。我意识到，这些时刻对亲戚们来说是值得的，也让他们看到马蒂是一个什么样的孩子，即使他不怎么打招呼。

如果你正纠结于孩子在亲戚面前的行为表现，我建议你像我一样审视一下这个问题。有什么方法可以让孩子和亲戚成功建立联结？有没有他们都喜欢的活动或东西？我想，你至少可以找到一些帮助孩子和亲戚建立联结的东西，一旦找到这些东西，你就可以鼓励他们开始互动，就像我现在鼓励马蒂跟亲戚分享他的棒球卡，和亲戚在后院玩威浮球（wiffle ball）[1]一样。

最后，承认你可能对亲戚陷入了"读心"思维陷阱。我就是这样，我以为亲戚们看到马蒂满脸愁容，就会自动评判我的育儿方式有问题，甚至评判马蒂，但我没有证据证明亲戚在评判我们。即使果真如此，我也有充足的证据，证明我们把马蒂养得很好，虽然他有时对亲戚的来访表现得很暴躁，但他还是一个快乐的孩子。

---

1 一种新兴的垒棒运动，威浮球小名洞洞球，由塑料制成，类似儿童用的洞洞棒球。威浮球上面有8个长型孔，通过不同的握法可以投出相当大角度的变化球。

第11章

"我的社交生活去哪儿了?"

重建适应新生活的友谊

在生女儿前不久，勒妮和丈夫从纽约市搬到新泽西州的郊区。勒妮在纽约有很多朋友，大多是还没有孩子的大学同学和同事，但在新泽西州，她几乎没有认识的人。丈夫在女儿出生后就重新上班了，他很快就结交了新朋友；而勒妮还在休产假，只有她自己一个人，虽然她想用短信和电话联系老朋友，但在她有空且比较清醒的时候，朋友往往都在上班。即使真的联系上老朋友，她有时也会发现自己很难再跟他们聊到一起。她也没什么精力结交新朋友，甚至都不知道该怎么做。

黛西生下儿子后，很兴奋地在社交媒体上发现了一个当地的新手妈妈群，这个群里的人会定期聚会，黛西参加了群里的所有游戏和聚会。她很感激这个群。开始时还很开心能成为其中的一员，但随着时间的推移，她开始感受到来自群里的一些妈妈施加的压力。其中一位妈妈在社交媒体上卖高端化妆品，并不断催促黛西购买她的产品，还有几个人试图说服她去镇上的新人俱乐部做志愿者，但她不是很想做。某种程度上，这些压力已经开始影响黛西,她开始怀疑这些友谊是否值得继续。

在生下马蒂几个月后,我决定参加当地哺乳中心的一个互助小组,希望可以认识一些新手妈妈。但是,当我来到这个小组时,我立刻感到很尴尬,因为小组中很多妈妈都会在公共场合给孩子喂奶,但我不好意思这样给自己的孩子喂奶。小组活动开始不久后,一位妈妈分享了她的哺乳故事:她的儿子咬掉了她乳头的一部分(是的,你没有听错),但她很高兴地宣布,无论如何都要继续坚持母乳喂养。我立刻觉得自己和这位妈妈格格不入,因为我非常确定,对我来说,被咬伤乳头会立刻打消我母乳喂养的念头。我被这些妈妈的母乳喂养热情吓到了,我跟她们不是同类人,于是我离开了这个小组,再也没有回去过。

2018年,我最喜欢的一位当代作家 J. 考特尼·沙利文(J. Courtney Sullivan)在《纽约时报》上写了一篇题为"新手妈妈朋友的绝对必要性"的文章。在这篇文章中,初为人母的沙利文讨论了对她来说结交有同龄孩子的新手妈妈朋友的重要性。她这样描述她的妈妈朋友们:"我对这些女性的信任超过我对其他任何人的信任。我们听取彼此的建议,而不是医生或育儿书籍上的建议。我们经常在孩子的事情上做出不同的决定,但从来没有一丝评判的意味。随着我们的生活开始稳定下来,我们的话题已经不仅限于孩子。"

我很喜欢这篇文章,因为妈妈朋友也是我和很多妈妈来访者们的救星。有小孩的最初那段时间可能会非常孤独,**感同身受的妈妈朋友可以提供陪伴、建议、认可和关怀**。相比伴侣和亲戚,她们能够对你的经历更感同身受，也可以跟你开诚布公地讨论那些很磨人的日常琐事：哺乳、孩子的睡眠训练、孩子发脾气的应对问题等等。如果你和伴侣或亲戚之间有问题，也可以跟她们倾诉。如果你的亲戚住得很远，或者他们对你的孩子不是很关心，这些妈妈朋友就是"胜似亲人的朋友"，可以为你提供急需的支持。我发现，随着孩子长大，妈妈朋友会变得更加重要，你需要一大帮好友帮你搞定拼车、学校运动签到和择校问题。

然而，要找到一个妈妈朋友社群并不容易。像勒妮一样，老朋友可能不在身边；或者像黛西和我一样，新遇到的妈妈们并不适合你，无论是因为她们强迫你做你不喜欢的事情，还是因为你会受到了她们的影响。正如我们在第 7 章中所讨论的，你可能会觉得你遇到的妈妈喜欢挑你的刺儿。

本章主要是帮助妈妈们解决如何找到支持型朋友的问题。我们将讨论重新制订朋友名单、寻找新朋友、与新朋友交往以及应对来自朋友压力的策略。我希望你能找到像沙利文这样的妈妈朋友，跟你在未来的育儿战争中并肩作战。

在我们继续下面的内容之前，一定要重新审视你的"价值观备忘录"中的"友谊"部分。就像伴侣关系和亲戚关系一样，你的**价值观**会决定你如何对朋友设定边界。将你的价值观陈述与可能成为你朋友的妈妈们的价值观做比较会很有用，因为只有与你的价值观相似的妈妈才有可能成为你的好朋友。

调整与老朋友的关系

我们已经讨论过有孩子后伴侣和家庭关系会发生什么变化,而孩子的到来也会在很多方面改变友谊。首先,有些妈妈,比如勒妮,发现有了孩子后就很难与老朋友保持联系了,既有现实方面的原因,比如很难找到彼此都有空的时间聊天、探望对方;也有情感上的原因,比如找不到共同的话题。还有的妈妈发现,在有了孩子之后,她们对友谊的期待变了,意识到了老朋友无法满足她们新的需求。我还听过一些新手妈妈坦言,她们缺乏精力去经营"高耗能的"朋友关系,因此觉得自己就是个"不称职的朋友"。

当你成为母亲后,你的生活会发生根本性的改变,所以,你需要接受你的友谊也会发生变化的事实。然而,这并不意味着这些友谊结束了,相反,**这意味着你需要重新思考这些友谊,并决定是否要改变以及如何改变它们来适应你目前的生活。**

花点儿时间想想你在有孩子之前经常联系的朋友,这里我指的不是社交媒体上关注的人,而是实际上有短信、邮件、电话联系或亲自拜访的朋友。然后针对每一个朋友,问问自己:"这份友谊对我来说还重要吗?"列出所有让你回答"不"的朋友。

友谊不再起作用的原因有多种:

1. **时间安排问题**。由于时间安排冲突或彼此很忙,很少和这位朋友联系或聊天。

2. **没有什么共同话题**。你发现和老朋友没有什么可聊的。如果你们的生活走上了非常不同的道路，你们可能很难找到共同的话题。
3. **情感耗竭**。我这里指的是"高耗能的"朋友，这种朋友想跟你说很多事情，经常事事寻求你的建议或安慰，或跟你不停地吐槽。这种友谊需要你付出很多你不愿意付出的情感。
4. **总是挑刺儿**。我们在第 7 章讲过爱挑刺儿的朋友，这种朋友会让你质疑自己在育儿或者其他方面的选择，让你产生自己不如别人的感觉。
5. **压力太大**。这种朋友总是告诉你最近发生了什么吓人的儿童疾病或国家安全威胁事件。你现在对这种朋友的容忍度可能要低得多，因为你会担心你的孩子可能染上这种疾病或受到国家安全事件的影响。
6. **不关心你**。在你有孩子后，这些朋友似乎就不怎么关心你了，也许是他们无法认同你的新生活和你需要优先考虑的事情。

一旦你整理好这份无效友谊清单，仔细想想维持清单里的每一段友谊的利弊。下面是勒妮完成的利弊清单，她对每一份友谊都权衡了明显的利和弊。如果维持友谊的利大于弊，我会建议她尝试调整期望或**设定新的边界**，当她与朋友的边界设定失败时，我会建议她**考虑"结束关系"**。我们将在下面更详细讨论如何调整期望、设定边界和"结束关系"。

勒妮不再起作用的友谊之利弊清单

1. **卡罗琳：对我的孩子不感兴趣，也不联系我**

   - 这段友谊的好处：长期以来一直很支持我，我喜欢和她一起出去玩，我想知道她的生活发生了什么。

   - 这段友谊的坏处：她对孩子不是很感兴趣，因此我觉得她不怎么和我联系。

   - 决定：维持这段友谊但调整我对她的期待。

2. **洛丽：距离上跨越了整个国家。由于时差问题，一直无法通过电话或视频联系，白天她在工作，给她发信息我会感到内疚；等她下班回家，我这边已经很晚了，不想再发短信了。**

   - 这段关系的好处：我儿时最好的朋友，比任何人都了解我，喜欢听我讲罗丝的事，也让我可以不用总是聊婴儿的话题。

   - 这段关系的坏处：我们总是联系不上。

   - 决定：维持友谊，但是需要跟她讨论边界问题。也许我们可以在周末找个两人都合适的固定时间视频，或者定期通过电子邮件联系。

3. **坦尼娅：不断给我发与孩子有关的危险信息，批评我没有给罗丝做好足够的安全防护措施。**

   - 这段友谊的好处：非常了解我的老朋友，很高兴有一个有孩子的朋友。
- 这段友谊的坏处：跟她聊天后，我总感到被评判和焦虑。
- 决定：如果我们能就要不要和如何跟我谈论会引起我焦虑的话题的边界达成一致，就继续维持这段友谊。

4. 多利亚：**不停给我发信息说工作上鸡飞狗跳的事情，对我有很强的情感渴求。**
- 这段友谊的好处：她很幽默，我很喜欢听她的故事。
- 这段友谊的坏处：她想要我立刻回复信息，这是我现在无法做到的。
- 决定：如果我们能在短信方面设定边界，就维持这段友谊。

调整对友谊的期望值

要继续维持之前的友谊，调整期望比设定新边界更容易，因为调整期望是你自己就能控制的，你只需要重新考虑你想这段友谊满足你哪些合理的期望。

勒妮的朋友卡罗琳坦承自己"不喜欢小孩子"，在勒妮的孩子出生后不久，她去新泽西州看望了勒妮和孩子，然后就没什么联系了。勒妮定期给卡罗琳发信息，卡罗琳会立刻回复，但卡罗琳很少主动给勒妮发信息。这和以前有很大不同，当勒妮还住在纽约时，卡罗琳一直是她的情感支柱。

勒妮期望继续维持和卡罗琳的友谊，但她意识到，自己不能再指望卡罗琳始终如一地给她情感支持，而必须找其他朋友来填补卡罗琳曾经扮演的角色。然而，她也想到，当她不想聊孩子的时候，卡罗琳刚好给她创造了休息时间。于是勒妮决定，每隔几个月自己一个人约卡罗琳吃一顿饭，不带上孩子。这既有助于维持友谊，又给勒妮提供了更多外出的机会，这样勒妮也不用总是照顾孩子，生活也有了更多的灵活性。

像勒妮一样，你可能会发现，如果你有意调整你对友谊的期望，你的"无效友谊清单"上的某些友谊还是可以维系的。花点儿时间仔细想想每一段友谊，在你目前的人生阶段你对这些朋友有哪些合理的期待？

另一方面，**你期望自己成为什么样的朋友？** 这是一个重要的问题，可以激励你思考如何设置你们都能遵循的友谊边界。最近，我的一位妈妈来访者说她有一个朋友总是给她发一些令人焦虑的信息，她决定在收到这位朋友的短信时不予理会，等有精力回复的时候再读这些信息。事实上，"不要马上回复短信"的规则对我的许多妈妈来访者都很有帮助，她们可以在比较有耐心和有精力处理这些信息时再进行回复，这样做还可以向朋友传递一个信息：你不太可能马上回复信息。这样可以阻止他们继续火急火燎地给你发信息。

一旦调整期望，你就不会对那些没有继续扮演以前角色的朋友感到愤怒或怨恨。当知道你们的友谊无法再回到从前，你也可以让自己放松一下。

和老朋友设定新边界

如果你可以通过调整期望来挽救之前的友谊,那就这样做吧,但是,如果调整期望行不通,你可能需要主动和朋友讨论边界问题。我发现,当你有了小孩后,讨论友谊的边界还是比较轻松的,因为孩子给你提供了理想的借口:"这不是你的问题,是我的问题。"你完全可以把友谊的变化归咎于你需要花时间和精力照顾孩子,而不是这个朋友的原因。就像我们处理与亲戚的边界沟通一样,与朋友的边界沟通也可以在"如你所愿"的原则下展开。

勒妮决定和所谓的"情感渴求"朋友多利亚讨论一下边界。勒妮喜欢多利亚,认为她是一个有趣的人,喜欢听她讲她生活中卡戴珊式(Kardashian-style)[1]的鸡飞狗跳,但多利亚也对勒妮有很多的需求,当她遭遇冲突时,就会给勒妮发短信,发泄自己的情绪,征求勒妮的意见。勒妮刚生完女儿那段时间,多利亚消停了一阵,但不久她就又开始信息轰炸,到后来,她每天都要发好几条短信,如果勒妮没有及时回复,她就会发诸如"在吗?在吗?在吗?"的消息,这快把勒妮逼疯了。

勒妮不是很想跟多利亚进行"如你所愿"的对话,她觉得她还没有理出头绪,也担心会冒犯朋友。我们花了很多时间打磨对话的内容,我扮演多利亚,让勒妮提前演练对话,勒妮刻意把原

---

[1] 卡戴珊家族是纽约知名的名媛家族,在美国的电视台推出了收费真人秀节目《卡戴珊家族》。

因归结于想减少自己的压力和看手机的时间,而不是不想回复多利亚的信息。下面是勒妮运用"如你所愿"技术进行的一段对话,因为她很少见到多利亚,这个对话是通过电话传达的:

- **描述事实**。"我决定限制我白天使用手机的时间。"
- **表达自我**。"我最近真的喘不过气来了,我想这是因为我花太多时间刷手机、发信息和浏览社交媒体。我的脑子都转不过来了,我现在很难集中注意力工作和育儿。"
- **提出诉求**。"我想试试在固定的时间段和朋友、家人打电话和聊天。我想跟你找一个可以互发短信的固定时间段。"
- **强化对方**。"如果我们是在固定时间段互发短信,我就不会像现在这样容易分心,我会全神贯注于我们的聊天。"
- **坚定诉求**。即使多利亚明显想谈谈搬到她隔壁的新邻居,勒妮还是继续讨论短信话题。
- **表现自信**。勒妮尽量用自信的语气说话。
- **协商妥协**。勒妮让多利亚帮忙找一个两个人可以聊天的固定时间。

有一次,多利亚问:"什么意思,你不想和我交往了吗?"勒妮用确认技术进行回应,她解释说,她理解多利亚的担心,并向多利亚保证,她绝对不是想和多利亚断绝来往,如果她想这样做,怎么还会想着跟多利亚商量一个固定的聊天时间呢?她还提醒多利亚,自己还有其他关系需要维系。

这让多利亚感到舒服多了,她和勒妮约好了一个发短信的时间。勒妮很开心地发现,约好固定时间发短信还有一个好处:当到约定发信息的时间,多利亚已经不再有想跟勒妮闲聊八卦事件的欲望了。

如何结束友谊

结束友谊是非常尴尬、困难的。幸运的是,我发现我的大多数来访者通过设定边界就能解决棘手的朋友问题。但是,还有一些情况可能用结束友谊的方式会更合适。这包括:

1. 在和这位朋友聊天期间或聊天后,悲伤、焦虑、愤怒、内疚等消极情绪与自我评判一直挥之不去;
2. 你察觉这位朋友不停地评判你;
3. 你害怕收到这位朋友的信息或与之相处;
4. 这位朋友对你的时间和精力索求无度;
5. 这位朋友无视你的边界请求;
6. 友谊变成单方面的事,这位朋友要求很多却回报很少;
7. 跟这位朋友在一起让你感到很不自在。

一些有害的友谊会自然结束。说回到在第 7 章中我分享的一位妈妈的故事。她总是批评我在公园里不敢放手让马蒂接受挑战之类的事情,后来我就不再主动联系她,当她叫我一起出去玩的时候，我就说我没有时间，慢慢地我们就断了联系，最后，我再也没有收到她的信息了。

如果很不幸，你们的关系无法自然结束，你就不得不跟朋友做一个了断。我强烈建议要摊开讲而不是"玩失踪"，我觉得"玩失踪"这种方式对你曾经的朋友是非常不公平的。我还要补充一点，"玩失踪"的妈妈们经常需要给自己的行为找借口，因为对方可能会跟你们的共同好友抱怨你的行为。

和朋友讨论断绝关系时，我建议一定要做到**诚实和真挚**。可以先讲这段友谊曾经对你有多重要，然后最好用"我……"的表述方式，解释为什么这段友谊你无法维持下去，重点是**强调为什么这段友谊不适合你**，而不是指出朋友存在的缺点。这里，你基本上就是在进行"如你所愿"的对话，只是缺少协商妥协这一步，你只是向朋友传达你的决定，所以就不需要协商妥协了。

勒妮有一个儿时的朋友坦尼娅，坦尼娅也有一个孩子。勒妮对坦尼娅这份友谊非常纠结。坦尼娅不停地给勒妮发最新的威胁婴儿安全的恐怖信息，还经常批评勒妮没有采取万全的措施保护孩子的安全。勒妮尝试跟坦尼娅设定边界，但最终失败了，所以，她决定结束这段友谊。她花时间准备要说的话，并和丈夫一起演练。她是这么说的：

> 我们俩自小就认识，这些年来我一直对我们的友谊心存感激。是你帮我从和安德鲁分手的阴影中走了出来，我也很高兴在你海外留学时的糟糕时光能陪在你身

边。自从我们都成为妈妈后，我一直在努力回复你的短信、接听你的电话。当你告诉我威胁孩子安全的吓人信息，并暗示我没有采取适当的预防措施来保护罗丝时，这让我有一种焦虑和被评判的感觉。我很难控制这些情绪，还有其他成为妈妈之后产生的消极情绪。出于以上原因，我需要从我们的关系中抽身。

请注意，勒妮的要求是坚决的，没有暗示还有协商妥协的可能。她故意说"抽身"而不是完全绝交，因为或许未来某一天她们的友谊还可以重归于好。

我不想撒谎，坦尼娅确实很难消化勒妮的这个决定。她说，正因为勒妮和她都初为人母，勒妮一直是她赖以支持的朋友，现在却要拿走这份支持，这是一种背叛。勒妮强调她也很抱歉，她真心祝愿坦尼娅和她的儿子一切都好。勒妮承认自己也有责任：她没有足够的心力来支持坦尼娅，她觉得坦尼娅应该向其他人寻求支持。像勒妮一样，如果你也觉得断绝友谊也有你的问题，承认这一点很重要。

一旦你决定和一个朋友断绝关系，就要有结局可能不会很好的心理准备。如果可能的话，我建议你提前演练，并与对方进行面对面的沟通，最好再提前找好支持者，以便在结束谈话后可以给你支持。

寻找适合你的新朋友

希望你在评估后能够保留几段重要的友谊,即便如此,你也需要结交一些新的妈妈朋友。因为你的好朋友们可能分布在天南海北,而你需要一个当你突然发现宝宝防晒霜用完了,只需5分钟车程就可以借到的朋友。有同样时间安排的妈妈朋友也很有帮助,你可以在早晨五点给她们发短信,因为你知道她们也正在带孩子。

黛西和我的经历证明了要找到新手妈妈朋友并不容易,开始时不可避免会遇到一些错误的人。我发现,这种经历很像你大学入学后的交友经历。一开始,当你努力适应新环境时,你会紧紧抓住最容易找到的朋友人选,这就是为什么我会和大一的室友去参加兄弟会派对[1],虽然我当时真正想做的是吃着冰激凌看电视剧《辛普森一家》(*The Simpsons*)[2]。不过当你适应后,你就会开始寻找你真正需要的朋友。难的不是认识不到新朋友,而是结识不到志同道合的新朋友。

刚上大学的第三或第四周,我跟妈妈抱怨说,我和一起住的

---

1 兄弟会(fraternity)和姐妹会(sorority)是美国大学校园的最有特色的学生组织。参加兄弟会和姐妹会在美国校园也被称作"希腊生活"(Greek life),因为每一个兄弟姐妹会通常都用1-3个希腊字母来为自己的组织命名,例如ΓΨΦ,会定期举办大量的社区服务、学术讨论和派对活动。
2 《辛普森一家》是美国的一部动画情景喜剧,该剧通过展现一家五口的生活,讽刺性地勾勒出了居住在美国心脏地带人们的生活方式。该片从许多角度对美国的文化与社会进行了幽默的嘲讽,是一部家庭喜剧幽默片。

女生兴趣完全不同。我妈妈问我有没有遇到志趣相投的人,我告诉她我可能更适合跟住在对面房间的两个女生做朋友。我妈妈鼓励我过去问这两个女孩愿不愿和我一起玩。起初,我觉得这很荒谬,我不想自己主动,担心会被拒绝,但在想到未来可能会跟她们一起去啤酒聚会喝可乐时,我放弃挣扎,敲了对面的门,这样我便认识了贝姬和阿比,她们至今都还是我最好的朋友。

就像在大学里放弃不合适的室友转而结交志同道合的新朋友那样,结交新手妈妈朋友也需要付出努力。我的很多妈妈来访者对这个建议感到不舒服,她们在育儿方面已经很努力了,还需要在其他方面也付出努力吗?但我跟她们保证,正如 J. 考特尼·沙利文在前文中说的那样,这样做产生的好处[1]会大于浪费时间、放松警惕、冒着对方不想跟你做朋友的风险等这些坏处。关于最后一个风险我在这里顺便说一句:我发现大多数新手妈妈其实是渴望认识其他妈妈的,但我还没有见过妈妈主动之后被拒绝过的。很多新手妈妈都感到特别孤独,当有人向她们伸出援手时,她们会欣喜若狂。

在指导妈妈们如何结识新朋友方面,依据我自己和来访者的经验,以及 DBT 中侧重教你如何找到新朋友并使他们喜欢你的一些人际交往技巧,我列出了一些你可能找到新朋友的地方和一

---

[1] 参见本书第293页,她这样描述她的妈妈朋友们:"我对这些女性的信任超过我对其他任何人的信任。我们听取彼此的建议,而不是医生或育儿书籍上的建议。我们经常在孩子的事情上做出不同的决定,但从来没有一丝评判的意味。随着我们的生活开始稳定下来,我们的话题已经不仅限于孩子。"

些聊天开场白。

寻找新朋友指南

以下是我、来访者们和我的朋友们成功找到新朋友的地方，排名不分先后。

1. **邻居**。当你推着婴儿车带孩子出去散步时，留意那些也推着婴儿车的妈妈，如果你经常看到同一位妈妈，可以跟她接触接触。另外，一定要参加邻里活动，比如小区的聚会。
2. **公园**。你可能也遇到过这种情况：你推着孩子荡秋千，另一位妈妈走到你的旁边，也开始推着她的孩子荡秋千。有的妈妈为了避免跟这位妈妈聊天，会开始跟自己的孩子说一些废话，我建议你可以试试使用下文的聊天开场白跟这位妈妈聊聊天。
3. **新手妈妈群**。很多社区都有新手妈妈群，这些群体经常在社区的社交媒体、当地杂志或网络上进行宣传。如果在这些地方还是没有找到，可以考虑在社区的社交媒体上发帖，找其他可能有兴趣组建小组的妈妈。
4. **母乳喂养支持小组**。因为我的个人经历比较特殊，所以我的个人母乳喂养经历无法代表这种小组。我真希望当时能多关注这种小组，特别是当我知道有几位妈妈真的在这样的小组里结识到了亲密朋友时。
5. **孩子课上**。孩子的运动课、音乐课，甚至是图书馆的故事会都是认识妈妈朋友的好地方。我个人觉得这些课程对妈妈的益处甚至大于对孩子的益处，它们给妈妈一个走出家门的理由，让她们可以接触到潜在的新朋友。

6. **有共同兴趣的群体**。我们都倾向于和与我们有相似价值观、兴趣、生活方式、宗教信仰和政治立场的人相处。可以考虑参加一个由志同道合者组成的线下或线上群体，在那里你会接触到很多可能成为你朋友的人。还有一些群是专门为正在经历特定的身心问题或有孩子的妈妈量身定制的。

7. **健身班或训练群**。这种群除了能够帮助你实现健身目标外，也是认识新手妈妈朋友的好地方，很多健身房还会提供孩子看护服务，可以一举多得！

8. **出门玩**。与其只邀请一位妈妈和她的孩子来你家玩，为什么不约到公园或游戏场玩呢？这将为你们提供认识其他妈妈的机会，你也不需要在他们来你家前疯狂打扫卫生。

9. **牵线搭桥**。沙利文在《泰晤士报》上的一篇文章中提到，她通过共同好友的介绍认识了其他新手妈妈，这种朋友间的牵线搭桥非常有用。你有没有朋友跟你说她有一个朋友也有一个跟你孩子一样大的孩子？可以让你们的共同好友给你们牵线搭桥。有趣的是，你不一定要亲自跟这个新朋友见面。沙利文就在通过牵线搭桥认识一位新手妈妈之后，通过短信维持了好几个月的联系。

10. **网络聊天室**。朋友还有很多不同的形式，据我所知，有些妈妈在网上的妈妈聊天室、论坛或社交群里认识朋友，并仅通过电子邮件和短信跟这些朋友交流。在这里，我想提醒你，我们在第 7 章讨论过，有些聊天室和论坛可能是有害的，所以，请确保只访问那些让你感觉不错的网站。如果你找不到适合自己的社群，可以考虑自己组建一个。

11. **应用程序**。有很多应用程序专门帮助妈妈们建立联系。

聊天开场白

如果你是外向型的人且已经适应了新手妈妈的生活，你可能就不需要如何与新朋友开启聊天的建议了。但对于另一些妈妈来说，我在这里提供一些有用的聊天开场白：

1. **多问问题**。用简单的问题开启聊天。当你在公园里或推着婴儿车带孩子散步时看到一位妈妈，我认为"孩子几岁了？"是一个很好的开场白。任何跟孩子有关的话题都可能引起妈妈们的积极回应。你也可以问一些与妈妈有关的常见问题，比如："你们住在附近吗？"
2. **留意你们孩子的相似之处**。如果你碰巧注意到别人的孩子有什么地方让你想起自己的孩子，这也是一个很好的开场白。例如："我看到你的女儿也咬着奶嘴，我的儿子也是这样，我有时要费好大力气才能把它从他的嘴里拿出来！"对方可能会对你的遭遇表示感同身受，然后你们可以展开更深入的对话。
3. **真诚对话**。这是我对贝姬和阿比使用的方法，我直言不讳地跟她们说："我和我的室友没有什么共同兴趣，我需要一些朋友，你们愿意跟我做朋友吗？"我不建议你说太过绝望或尴尬的话，但可以适当流露真诚，比如："我一直想跟其他新手妈妈做朋友，你是否有兴趣和我约个时间一起出来玩或喝杯咖啡？"你不一定要用这句话作为开场白，但是如果你已经成功和一位妈妈闲聊过，而且觉得她是一个不错的朋友人选，你可以乘胜追击约她出来。

4. **称赞你喜欢和欣赏对方的地方**。DBT 建议你告诉对方你喜欢她或喜欢她的某些方面，但不要过度奉承。对妈妈来说，告诉她你很喜欢她时尚的尿布包或婴儿车，或者喜欢她孩子穿的可爱衣服，这些都开启聊天。正如你所知，赞美对方可以让你无往不利。

5. **问一个双方都感兴趣的话题**。你如果看到一位妈妈拿着当地幼儿园的袋子，可以趁机问问她该学校怎么样。妈妈们喜欢分享她们在学校、夏令营或孩子活动方面所了解的东西，你也可以和妈妈讨论无关孩子的话题，还记得我在一个聚会上遇到一位身穿印有汉密尔顿的 T 恤的妈妈吗？我和她借着 T 恤聊开，直到现在我们还是朋友。

我发现，新手妈妈通常会从不同的朋友身上获益，**不同朋友起着不同的作用**。基于我自己、朋友、家人及我的妈妈来访者进行的完全非学术的研究，下面是我整理的一份清单，列出了你可能想找的各种类型的妈妈朋友。你可能已经很幸运地找到了一两个符合这些描述的朋友,又或者你需要好几个朋友来担任这些角色。

> ## 结识妈妈朋友指南
>
> - **终身挚友型**:这种朋友是真正的好朋友,你们一直亲密无间,没有人比她更了解你,她总是给你提供情感支持和认可。如果你们刚好住得比较近,任何时候只要你有需要,她都能给你提供支持。
> - **同情型**:你可以通过短信或线下见面与这种朋友共勉或宣泄情绪。最好她也有一个和你孩子同龄的孩子,她可以共情你的处境。
> - **顾问型**:这种朋友和你有一致的育儿观,你信任她给你的育儿方面的建议。如果这个朋友有稍大一些的孩子那就更好了,她可以告诉你当她孩子处于你孩子这个年龄段时,她是怎么养育的。
> - **拼车型**:这种朋友住在你家附近并能帮到你,如果你需要去商店,她可以帮你看几分钟孩子,或者轮流拼车接送孩子,或在暴风雪的下午把吹雪机借给你。
> - **消息灵通型**:这种朋友知道一些内部消息,对最好的儿童产品和活动了如指掌,非常了解当地的幼儿园。
> - **社交型**:当你迫切需要出门喘口气时,这种朋友可以把你带出家门。如果你是一个喜欢聚会的妈妈,这种朋友

> 会适合你。如果你爱看电影喝咖啡，可以找一个跟你有同样喜好的人。
> - **外部世界连接型**：这种朋友，要么没有孩子，要么孩子已经长大成人，她们充当你连接孩子以外世界的使者，你可以跟她们讨论书籍、电影、旅行等与孩子无关的话题。

如果你在交友方面有困难，试试暴露疗法

你很想结识新手妈妈朋友，但发现很难做到？也许你担心不知道这些妈妈会怎么想你，也许走进有一大群妈妈的聚会会让你无所适从，或者你觉得自己没有多少精力可用于社交。

如果你因为上述任一或全部原因而纠结的话，我建议你使用我们在第5章中讨论过的暴露技巧。请记住，暴露就是有计划地接近你一直回避的情境或人。列出你可能遇到新手妈妈的几种情境，并计划逐一接触这些情境，最简单的办法就是从你最不畏惧的情境入手，然后再逐渐接触畏惧程度更高的情境。

贾米拉渴望结识新朋友，但是又担心别人会评判并拒绝她，不敢去社交。高中被"刻薄女生"欺负的经历让她记忆犹新，她不想让悲剧重演。但是，面对即将到来的冬季，身边只有一个一岁孩子为伴这样的情况，她决定列出一份暴露名单并努力完成。加入妈妈群体比接触一位妈妈让她更害怕，所以，她决定先接触一位妈妈，然后再慢慢接触社群。下面是她的暴露清单：

1. 发短信给珍的一位当地妈妈朋友,邀请她见见面
2. 在公园里结识一位妈妈
3. 在孩子的音乐课上结识其他妈妈
4. 在社交媒体上发布寻找妈妈社群的帖子
5. 参加当地的母乳喂养小组
6. 参加当地的妈妈社交团体

在贾米拉把这些任务付诸实践之前,我们进行了头脑风暴,讨论她可以使用的开场白话题。我们还一起演练,我扮演她在公园遇到的妈妈,或者珍的朋友,通过角色扮演来练习说什么话。这种准备可以让她在接近这些妈妈时感到更加自信。

我和贾米拉给每一个暴露练习设定了容易实现的目标。比如,在孩子第一次音乐课上的暴露,她决定只选择一位妈妈,只跟这位妈妈聊一句。如果她的任务是在音乐课上交到终身挚友,或者加入正在房间里热烈讨论的人群中,她会无法承受这样的压力。设定小的目标,尤其是在第一次尝试暴露时,会更有可能成功。

我希望通过社交场景暴露帮助你实现社交目标,如果你尝试了暴露,但还是很挣扎,你可能需要先解决社交焦虑问题。

跟新朋友设定边界

如果你已经结交了一些新手妈妈朋友,那太棒了!我希望我可以祝贺你现在已经大功告成,但是,就像对待老朋友一样,你

也需要跟这些新朋友设定一些边界。

我们之前谈到，很多妈妈在考虑结束或改变一段无效友谊时感到内疚。我发现，如果这种情况针对的是一个新朋友，这种内疚感会更明显。通常情况下，新手妈妈的友谊一开始热情满满，因为两位妈妈同样睡眠不足、压力很大，很高兴有人可以交流。但是，当关系确立后妈妈们可能会发现，这些新朋友中有一些人并不合适做朋友。她们觉得有义务继续维持这段友谊的原因，只是对方在认识初期很热情，她们不想冒险伤害这些情绪波动很大的妈妈。

如果你是这种情况，先试着克服你的内疚感，思考一下目前这段友谊的利和弊，以及是否利大于弊。此外，当你照顾新朋友的感受时，也要照顾你自己的感受，如果这段友谊反而让你压力倍增，那你就必须做出改变。

你可以对新朋友直接设定边界而无须做任何解释。特莎是一个三岁孩子和一个九个月大孩子的妈妈，她在医院分娩课上认识了奥德丽，当时奥德丽正怀着第一个孩子。最初特莎很高兴能认识一个当地的孕妇朋友，但随着时间的推移，特莎认识了更多和她有共同话题的新手妈妈，她不再想跟奥德丽出去玩，因为奥德丽一直在抱怨自己的处境，却不倾听特莎的情况。

特莎无法结束这段友谊，因为奥德丽就住在她家附近，她们有几个共同好友，经常像家人一样互动。因此，特莎决定不再单独和奥德丽外出，只有她们的孩子或其他妈妈在场时，她才会跟奥德丽交往，她也不再立即回复奥德丽的短信，而是等到自己有时间和精力时再回复。通过设定这些边界，特莎既能够不疏远或冒犯奥德丽，又能减少她和奥德丽独处的时间和回复奥德丽短信的频次。

如果你设定的边界没有用，你可能不得不和这个新朋友讨论边界问题，有关这方面的指南请参阅前文勒妮和多利亚关于边界讨论的内容。我认为"不是你的问题，是我的问题"这样的说法对新朋友也是有效的，因为新手妈妈也跟你经历着同样的压力，她应该更能对你的处境感同身受。

同时，记住要进行"如你所愿"对话中的"协商妥协"这一步，希望你和朋友可以共同协商一个双方都觉得可行的计划，比如定期约时间出去玩、发短信或聊天。安杰尔的邻居经常不请自来，弄得她手忙脚乱，她和邻居进行了一次"如你所愿"对话，指出自己喜欢邻居的陪伴，但当邻居不告而来时她会不知所措。她们约好以后每周花两个早上一起在社区附近散步，她们两人都很满意这个计划。

最后，与老朋友一样，如果跟新朋友的边界讨论失败，你可能不得不进行"断绝关系"的讨论，可以参考勒妮和坦尼娅的讨论来进行处理。

你可以对朋友的请求说"不"

我们在本章开头讲过黛西，当她的新朋友向她提出要求时，她很纠结，满足朋友的要求对她来说压力很大，也让这份友谊变得不值得。

还记得在第 6 章中,我们讨论过说"不"是一种自我照顾的方式吗?我想在这里提醒你一下,因为你可能会收到很多新手妈妈朋友的请求。遗憾的是,不仅中学生需要面对同辈压力,妈妈们也要面对来自其他妈妈的压力,比如,被要求去做一些事情或买一堆的东西。当一再答应自己并不愿意做的事情,来找我咨询的一些妈妈说她们会开始觉得自己被利用了。

我知道,对朋友说"不"很难。你好不容易交到一些新朋友,你不想失去她们,**但你必须先考虑自己的心理健康**,而不是讨幼儿园家委会主席的欢心,正如我在书中反复强调的,你无法面面俱到,但你的心理健康一定要优先考虑。

在第 6 章中,我建议你通过列出利弊清单来应对他人的请求,答应某个请求会有什么好处,又有什么坏处?下面是黛西在决定是否参加新朋友阿兰娜在家主办的"化妆品派对"时列出的利弊清单:

参加"化妆品派对"的利弊

好处:

- 这会让阿兰娜喜欢我

坏处:

- 花钱太多——她的化妆品很贵

- 我其实不打算买新的化妆品
- 我不得不把我的宝贵时间花在一些我不想做的事情上
- 我不想坐在那里听阿兰娜谈论美容产品

在这种情况下，弊远大于利，所以黛西拒绝了她朋友的活动邀请。得到阿兰娜的喜欢根本不值得她付出这么大的代价，黛西不得不接受阿兰娜可能会生她气的结果，她也确实承受了这个结果。最后，在黛西拒绝了几次这样的活动，也没有购买任何产品后，阿兰娜不再联系她了，黛西对此感到很难过，但还是松了一口气，她再也不用为收到阿兰娜的派对电子邀请函而感到内疚。

如果你是黛西这种妈妈，妈妈朋友每次向你提出要求时，你都会默许，我建议你仔细考虑答应每一个请求的利弊，只有当利大于弊时你才答应，或者当你感觉真的需要答应，比如生重病的朋友或压力很大的朋友向你提出请求。当然，你要记住，那些被你拒绝就生你气的朋友可能不是你真正想要的朋友！

"妈妈聚会"并不是非去不可

在结束本章之前，我还想提一个我最近经常从妈妈那里听到的特殊请求：去参加妈妈们的"闺蜜之夜"豪饮聚会。我已经记不清有多少关于妈妈借酒消愁的表情包或段子，更不用说电视剧《娇妻秀》(*Real Housewives*) 和电影《坏妈妈》(*Bad Moms*)[1]以及社交媒体上出现的酗酒妈妈形象。这些影视和表情包不仅表明，喝酒是妈妈们缓解压力的最佳方式，还暗示喝酒是所有新手妈妈都"应该"梦寐以求的社交体验。它们还弱化了酗酒问题，这对一些妈妈来说确实是一个非常需要严肃对待的问题。

如果你和我一样，从来就不喜欢参加派对，那你要知道，除了醉酒的"闺蜜之夜"，还有很多其他的社交方式。如果你喜欢这种，那没有问题，但如果不喜欢，你也可以拒绝这些聚会，选择更有节制的、人更少的户外活动。你也可以参加这种聚会但只喝汽水，我就是这样做的，没有人会在乎的。我花了很多时间处理因为拒绝"闺蜜之夜"而产生的内疚感，后来我开始进行自我关怀，我意识到这种聚会对我来说很有压力，如果我要离开我的孩子们一个晚上，我肯定不想把它浪费在让我更有压力的事情上。如果你也不喜欢喝得醉醺醺的"闺蜜之夜"，我建议你去找那些能让你放松的人和社交环境，并把你的时间和精力花在这些事情上。

---

[1] 美国喜剧电影，该片讲述了一位表面看上去生活光鲜的妈妈，为维持这份完美忍气吞声，终于有一天到了爆发的边缘，于是决定和另外两位母亲一起彻底释放，开始一次欢畅之旅。

第12章

"本该轻松愉悦的旅行中,
为什么大家却都不开心?"

与孩子一起度过假期、节日和特别活动

瓦妮莎迫不及待想和家人开启夏末海滩之旅。她三岁和五岁的孩子终于能自己上厕所，也不再害怕水，这是她成为母亲后第一次如此期待好玩且相对轻松的度假之旅。遗憾的是，旅行才刚开始10分钟，小儿子就说沙子让他感觉很痒，他只想在游泳池里玩，她的希望破灭了。接下来是一系列充满抱怨的日子：沙子让人发痒、阳光太大、没有太阳、天气太热、天气太冷、防晒霜化掉了、他们上次去的海滩的冰激凌更好吃。总的来说，还是家里更好。瓦妮莎和丈夫假期大部分时间都是抱着毛巾、沙滩伞、沙滩玩具、零食等在海滩上来回奔波的状态，而无法坐在沙滩上享受假期。瓦妮莎结束旅行回到家时感受到的压力比离开时还大。

当三岁的女儿伊莎贝拉被选为表妹婚礼上的花童时，帕蒂很兴奋。婚礼当天，伊莎贝拉早晨五点就醒了，准备着出发，尽管婚礼要等到晚上七点才开始。帕蒂预计伊莎贝拉当天下午会打个盹，但伊莎贝拉在酒店房间里太兴奋了，不肯躺下来睡觉。到了下午五点，伊莎贝拉已经完全没精神了，帕蒂不得不尽力给她穿好衣服，带她去婚礼现场。等待婚礼开始时，一位服务员给伊莎贝拉拿了草莓。就在伊莎贝拉准备上台的前几分钟，帕蒂还在卫生间疯狂擦拭伊莎贝拉裙子上一大块草莓渍。最后好不容易，伊莎贝拉走上了红毯，但她整个人却僵在那里不动。刚才跪在卫生间给伊莎贝拉擦了十分钟衣服上的草莓渍的蓬头垢面的帕蒂不得不在所有人面前，上前抱起伊莎贝拉走完红毯。当帕蒂好不容易坐下来时，她已经疲惫不堪、压力巨大，忍不住哭了起来。

我超级喜欢万圣节，之前迫不及待想要孩子，就是因为这可以给我这个成年人一个借口正大光明地玩"不给糖就捣乱"的游戏。但是，就在马蒂过第一个万圣节的前两天，纽约市区下了一场反常的暴风雪，整个镇上的万圣节活动都被取消了，我很失望，哭了起来。事实证明，在那几年里，几乎每一个节日都是一场空。例如，在马蒂的第一个逾越节晚餐（Passover seder）[1]，我和丈夫整晚都在清理无酵饼碎屑；在马蒂的第一个光明节（Hanukkah）[2]，马蒂差点儿误吞了光明节的陀螺；在马蒂一周岁生日，一贯聪明的姐夫却忘了打开摄像机，错失了珍贵的影像。我们在家里庆祝所有重要的节日无一例外都以失望告终。

---

1 犹太教的主要节日之一，也是犹太人的信念。最重要的仪式是逾越节晚餐，人们聚集在一起，通过歌曲与故事的形式回忆历史，忆苦思甜，吃无酵饼。

2 一个犹太教节日。该节日是为了纪念犹太人在马加比家族的领导下，从叙利亚塞琉古王朝国王安条克四世手上夺回耶路撒冷，并重新将耶路撒冷第二圣殿献给上帝。光明节陀螺是犹太光明节的传统玩具。

你可能已经注意到我刚刚分享的所有故事中都贯穿着一个主题：妈妈们对假期、节日和特别活动的**高期望无法得到满足**，从而导致妈妈们精神崩溃。在我当妈妈的头几年里，高期望与超级失望的情景经常占据着我的"妈咪脑"，其中大多数都与特别活动有关。老实说，我发现我的大多数假期、节日和特别活动都鸡飞狗跳，往好了说是有趣，往坏了说就是无比悲惨。

妈妈们常常对孩子的第一个假期、节日和特别活动抱有很高的期望，因为有的妈妈们对这些场合有美好的童年记忆，并希望尽其所能让孩子也有类似的回忆；也有的妈妈童年并不快乐，于是迫切想给孩子提供她们自己从未体验过的体验。不管是哪一种，这样做的风险都很高：妈妈们觉得有必要竭尽所能让孩子们的活动充满魔力。

尽管我们很想给孩子们的生活创造魔力，但是我们不会魔法，无法创造出我们梦想的节日或假期。于是我们面临着一个选择：继续力争做到最好，但会体验到高期望与巨大的失望；或选择降低我们的期望。

你估计会猜到我更推荐你选择**降低期望**这种做法。这可以通过**管理自己的期望和培养接纳**等认知技术来实现，还可以采用一些行为策略，比如**日程安排**、**目标设定**和**专注于自我照顾**，这些策略可以帮助你有效管理压力并提高你真正享受生活的可能性。

我不能保证这些策略能消除假日、聚会和家庭旅行带来的焦虑。但如果我的经验可以借鉴的话，它们肯定会让这些情况变得让你和孩子都更容易忍受。

第 12 章 "本该轻松愉悦的旅行中,为什么大家却都不开心?"

很多情况是我们无法控制的

还记得我们在第 8 章谈到的需要接受你做不了完美妈妈的事实吗?我指出,我们无法做到完美有四个原因:我们的资源有限;我们无法完全掌控我们的环境;我们无法完全控制我们的孩子;我们无法总是做最好的自己。这些原因也适用于假期、节日和特别活动。

1. **资源有限**。如果我们有花不完的钱,任何节日活动要多隆重就能有多隆重,我们可以去任何想去的地方度假,一大群人服务我们,甚至是 24 小时保姆。我们还可以聘请专门的公司来承办节日和聚会活动,在结束时让他们打扫卫生。拥有无限的时间和精力对你实现目标也很有用,可以使你仔细考虑活动的每一个细节,并考虑到每一种可能发生的意外情况。但是,我们的资源是有限的,像假期这种事情通常会让我们在经济上和情感上都捉襟见肘。

2. **陌生的环境**。特别活动通常是在不熟悉的环境中举行,比如在亲戚家里过节,或在陌生的度假区狭小的酒店房间里举行活动。当你在自己家里,你可以很容易就找到一个备用吸管杯,把一大堆要洗的衣服直接扔进洗衣机,快速做好奶酪通心粉。但当你身处陌生环境时,光是穿好自己和孩子的衣服、吃饱饭这些最基本的事情就需要花费大量的精力,更不用说外出或参加某个庆祝活动,在这种场合你要做很多你不熟悉的事。

如果住在亲戚家，你需要遵守他们家的规矩，这些规矩可能与你家很不一样。如果这些亲戚和你的育儿价值观不一致，那问题就更大了。我有几位妈妈来访者害怕和兄弟姐妹一起住，因为在孩子的睡觉时间和控制使用电子产品时间方面，他们观点完全不同。

3. **孩子是怪物**。不用说，我们无法一直控制我们的孩子，特别是特殊活动期间，孩子们接触到的许多不熟悉事物会诱发他们的不良行为。他们不按正常规律作息，往往还会吃很多高糖零食，在节日里还会得到很多的玩具。如果他们住在酒店或亲戚家，可能会不午睡或难以入睡。他们身边可能有很多不熟的亲戚，这些亲戚有可能吓到他们或宠坏他们。根据我的个人经验，当有一大群亲戚围在身边时，孩子往往会表现得不一样。当萨姆看到他的堂兄弟时，会化身成约翰·塞纳（John Cena）[1]和《睡衣小英雄》(*PJ Masks*)[2]里那个恶魔科学家的组合体。

4. **我们无法总是做到最好**。假期、旅行和特别活动对成年人来说往往都是压力情境，生活脱离常规，容易受到他人想法和喜好的影响，如果再加上脾气暴躁不合群的小孩子，我们很容易就会崩溃的。

显然，由于上述提到的所有原因，我们需要想到并接受有

---

1 美国职业摔角运动员、演员。
2 一部英国E-one公司创作的冒险类动画片。其中的科学怪人Romeo总是想着打败睡衣小英雄，但经常弄巧成拙。

小孩的特别活动都具有挑战性的现实。以度假为例,有些妈妈作家建议在描述家庭出游时使用"旅行"(trip)一词,因为"假期"(vacation)意味着放松和休息。瓦妮莎的经历就是一个典型的例子,她的旅行非常辛苦,孩子不停地抱怨,她花在往返沙滩上的时间远多于真正坐在沙滩上的时间。可悲的是,除非你把孩子交给保姆,否则你就别想在泳池边悠闲地喝迈泰鸡尾酒(mai tais)[1]、看小说,至少在你孩子长大之前都别想了。即使你有机会不带孩子独自去度假,你也很难真的放松下来,因为你脑海里还是会想孩子在做什么、他们现在怎么样。

有小孩后,节日可能也会变得很难熬。我们很多人都有心心念念的节日传统活动,可一旦我们要照顾时刻需要我们且摸不着脾气的小生命,坚持节日传统活动就不大可能了。例如,我的一位妈妈朋友哀叹说,自从有了孩子,她再也无法继续她多年来的感恩节传统活动——在电视上连看好几个小时的梅西百货大游行(Macy's parade)[2],这让她觉得很可惜。另一些妈妈难过的是,她们没有时间烹饪、购物或跟很少见面的亲戚叙旧聊天。正如我前面提到的,我们中的很多人都执着于带孩子一起过节日的一些想法,当事与愿违时,我们会感到非常失望。

当然,正如帕蒂的故事那样,孩子可能无法理解一些特别活动的意义。你有带哺乳期的孩子去参加过持续八小时的成人礼的

---

1 由白色朗姆酒、柠檬汁、柳橙汁、凤梨汁等调制而成的一种鸡尾酒。
2 由美国梅西百货公司主办的一年一度的感恩节大游行,游行在感恩节上午九点开始,持续三个小时,数万人参加,声势浩大。

经历吗？我有过！我参加侄女成人礼的经历就是这种情况。不管你带着多么小的孩子，参加的是成人礼、洗礼，还是婚礼，情况都差不多。我刚清理完衣服上孩子的呕吐物后，就得想该怎么安排喂奶时间才不会错过活动的关键时刻。我当时注意到，我的嫂子也正在喂奶，她的哺乳被中途打断，因为到舞池里加入我侄女的点蜡烛仪式的时间到了。三年后，我侄子在一艘船上举行了成人礼，这意味着我需要时刻盯着萨姆，以防他从船上跳下去。一句话，当你要确保孩子不出状况，你是不可能全身心参与并享受这些节日活动的。

说实话，我真希望有人能坐下来跟我分享我刚才给你分享的这些，劝我接受一旦我有了孩子，所有的假期、节日和特别活动都会变得不同和极具挑战性的事实。我能想到的为人父母早期十大最有压力的事件里，至少有一半都发生在节日、假期或特别活动上，这里面就包括平安夜凌晨三点从婆婆家开车带萨姆回家的事；还有我们在泽西海滩的一周之旅期间，四岁的马蒂决定每天早上四点起床、下午四点睡觉的经历。

如果我提前知道万圣节、圣诞节、家人的成人礼和海滩旅行会事与愿违，并且比想象中更混乱，那当它们不如愿时，我也就不会那么崩溃。我还在想，如果当时不是想着掌控一切，而是使用一些有用的认知策略，比如考虑最坏的情况，用"管它呢"的态度来应对，以及降低标准，情况可能会大不一样。

最坏的情况到底能有多坏?

在第 4 章和第 8 章中,我们讨论说要考虑最坏的情况,以及你可以做些什么来应对焦虑和完美主义,这个有效的策略也可以使用在假期、节日和特别活动来临前。**灾难化思维**往往与高期望密切相关:我们一方面期待事情完美,另一方面又会担心如果事情不完美,那就是一场无法挽回的灾难。**考虑最坏的情况**可以帮助你有效处理灾难化思维,从而控制你对即将到来的活动的焦虑。

安妮塔花了几周时间准备女儿的第一份节日贺卡。她一直很羡慕朋友们发来的可爱贺卡,现在终于有机会回送一张自己孩子的贺卡,她非常兴奋。她在网上订购了五条裙子和三双鞋子,花钱请了一位很贵的摄影师,并两次更改拍照的时间,只是为了能在女儿状态最好的时候拍摄。她还花不少时间在网上挑选相框和背景幕布。

随着拍照日期的临近,安妮塔满脑子都是担心。万一她女儿前一晚睡得不好,怎么办?万一女儿突然生病,怎么办?万一女儿被摄影师吓到,一直哭着喊着要爸爸妈妈,怎么办?

为了让自己冷静下来,安妮塔问了自己下面这三个问题:

1. 最坏的情况是什么?
2. 基于证据,哪种情况比较现实?
3. 如果最坏的情况真的发生了,我能应付吗?我可以做什么来应对它?

下面是安妮塔想到的:

> **最坏的情况:**
>
> 夏洛特前一晚根本没睡。在整个拍摄过程中,她一直在哭,我们无法拍到她不哭的镜头。她的脸上和衣服上都是鼻涕。
>
> **比较现实的情况:**
>
> 夏洛特被摄影师弄得不知所措,格伦和我必须在相机后面做鬼脸,拿出她的毛绒玩具摆动作吸引她。我们需要把她的狗狗玩具抱着拍照。我们拍了很多很不好看的镜头,可能只有一两张比较能看得过去。
>
> **我将如何应对最坏的情况:**
>
> 如果专业摄影师拍的所有照片都不行,我就自认倒霉,花出去的钱打水漂了,放弃这些照片,我自己来拍。或者,我特意挑选一张拍得很糟糕的照片,配上一个有趣的标题,比如:"不是所有人都喜欢节日!"这肯定会让我的卡片在清一色安静、微笑的孩子照片中脱颖而出[这些父母肯定给他们的孩子吃了含有苯海拉明(Benadryl)[1]的饼干]。

---

1 主要是用于治疗过敏的药物。作者在这里是调侃这些父母为了给孩子拍出理想的照片,不得不动用非正常的手段。

安妮塔安慰自己说，即使发生了最坏的情况，她也是能应付的。和安妮塔一样，妈妈们都很足智多谋，无论事情最后发展成什么样，妈妈们还是能兵来将挡。通过思考如何应对最坏的情况，我们就可以提前解决问题，甚至可以在事情开始前就制订几个应急方案。

除了考虑最糟糕的情况外，你还可以问问自己：如果有一年你的贺卡出了问题，或其他节假日活动没有按计划进行，到底会多具有灾难性？思考一下，在一个月后、六个月后或一年后这个事件对你是否还有影响？在节日过后你还会想起这个节日贺卡吗？不完美的假期或聚会又能怎样？虽然我对马蒂的第一个万圣节耿耿于怀，但后来我们度过了无数个非常有趣的万圣节，我甚至对第一个糟糕的万圣节都没什么印象了。尽管在当下看，很多特别活动都非常重要，但在你和孩子一起度过的众多假期、节日和特别活动中，它们只不过是沧海一粟。

直接说"管它呢"

我和我的妈妈来访者可能会很难接受有了孩子之后的节日和假期再也无法像生孩子之前那样的这种情况。我自己都不得不哀悼两次，一次是为我生孩子后失去的各种节日、假期和特别活动，一次是为无法与孩子一起体验理想中的活动。

话虽如此，当我为失去的节日和我从未拥有过的假期感到悲伤时，我发现了一个意想不到的好处。我知道这些场合会很复杂，也不是我能控制的。现在我有小孩了，我可以选择说"管它呢"，这帮我免去了为孩子创造完美体验的责任。

你可能不明白上面的话，我的意思是，我不是那种经常说"管它呢"的人，像所有的 CBT 治疗师一样，我非常有计划性，目标明确，也很专注，但在我侄女和侄子的成人礼中的某个时间，我突然意识到：我可以不在乎某些场合。例如，在侄子的成人礼上，我可以不在乎孩子吃什么或他们表现怎样，我可以不在乎他们刚穿好裤子半个钟头不到就弄脏了，我只需关心他们的基本需求是否得到满足就够了。

我告诉你："管它呢"这种态度真的太爽了。它可以缓解我时刻要确保孩子一切都完美的责任，极大地缓解了我的焦虑。我不在乎在侄子的成人礼上，萨姆大部分时间都在玩弄船上生锈的链条（当然，大人会轮流在旁边照看），这意味着我可以更享受这个活动。从那以后，只要是假期、节日和特别活动，我经常会采取这种态度。

当你节假日期间和亲戚一起住，"管它呢"态度也很有用。正如我前文提到的，住在别人家意味着你要遵守他们的家规，而这些家规可能跟你自己的家规大相径庭，特别是如果你和亲戚的育儿价值观差异非常大的时候。比如说，你当然可以选择耗费大量精力，在晚上八点，她的表哥们还在地下室打鼓时，让你四岁的孩子上床睡觉。或者，你可以说"管它呢"，接受你的孩子跟着她表哥荒谬的作息时间睡觉。为什么不让你的女儿也跟着表哥们一起打鼓呢，这样你不就有时间跟你很少见面的兄弟叙叙旧了？

降低标准

除了采取"管它呢"的态度外,也要降低你的标准,这样不管特别活动最后变成怎样,你也不会失望。帕蒂意识到,她对伊莎贝拉做花童的标准定得太高了,她设想的是一个天真无邪、容光焕发的伊莎贝拉在大家的欢呼声中优雅地撒花。所以,当这一切没有发生时,她崩溃了。

因此,对于侄子的圣餐礼(communion)[1],她决定降低标准,她的目标就是对于侄子的第一次圣餐礼,她能够亲自到教堂参加。她和丈夫事先商量好,由丈夫照顾伊莎贝拉,这样她就可以留在教堂里参加活动。

帕蒂很高兴最终实现了她的小目标。令人惊讶的是,伊莎贝拉居然坚持参加完了整个仪式,当然,她在自己的位置上玩弄她的玩偶,但没有闹到需要被单独带出去的程度。通过降低标准,帕蒂为自己的成功奠定了基础。

下面是一些降低标准的例子:

1. 不受打扰地在沙滩上待 10 分钟
2. 在家人的婚礼上拍一张好看的照片
3. 制作不好看但还能吃的圣诞节饼干
4. 在逾越节家宴餐桌前坐 10 分钟

---

[1] 基督教的一个宗教仪式。

5. 找到一项大家在假期都喜欢或至少能接受的活动

正如你所看到的，这些标准都是比较容易实现的，如果对于你的家庭来说还是太难了，那就挑你觉得可以做到的。无论假期、节日和特别活动有多混乱，如果你设置了类似的目标，你至少会觉得已经取得了一些成功。如果事情最终比预期的还要好，就像伊莎贝拉在教堂里的表现一样，你会觉得取得了一次重大成就。

说到取得成功，你还记得在第 8 章我建议记录你的日常成功吗？无论节日、假期和特别活动的成功是大是小，把它们记录下来会非常有帮助。当你面对一个特别活动，你可以重温之前的成功清单，它会提醒你，特别活动不像你想的那么具有灾难性，即使在最坏的情况下也有一些可取之处。

对你来说什么最重要？

用一分钟重新审视第 3 章中的"价值观备忘录"中"节日/特别活动"和"家庭假期"部分。你最看重节日、假期或特别活动的哪方面？你重视和家人在一起吗？你重视自己操办活动吗？还是重视让你的孩子参与到节日传统中？

请记住，带孩子参加某些活动，当结果不符合你的预期时，价值观可以让你保持平和。我们往往会纠结这些事情的小细节，比如买礼物、预定最佳的游览项目、为生日聚会挑选大家最喜欢的礼物，以至于我们看不到最重要的东西，**价值观**可以提醒我们什么才是自己真正看重的。我知道我这么说，听起来就像是一个睁大眼睛的小女孩，在提醒所有愤世嫉俗、物质主义的成年亲戚不要忘了圣诞节的真谛一样。但是，当你不停地为小事烦恼时，想想对你来说真正重要的东西是很有帮助的。

我的价值观就帮助我应对了节日收礼物的压力。早些年，当各种亲戚问我孩子喜欢什么礼物时，我真的不知道该怎么回答。老实说，我对孩子想要什么礼物都研究不透。还是婴儿的时候，他们更喜欢空的洗发水瓶和垃圾桶，而不是婴儿玩具。后来，我退了一步，开始思考我的价值观：我想和家人一起过圣诞节和光明节的真正原因，不是期望儿子们可以收到一大堆最好的礼物。所以，我就没有再浪费时间在收礼清单上，而是关注更为重要的事情，比如让我的儿子们参与到节日传统中。

价值观除了提醒你最看重的东西，还能帮助你提前对即将到来的特别活动做好计划。下面，我们将详细讨论提前计划等有效的行为策略。

有备无患

很明显，当带孩子参加特别活动时，你需要学会接纳很多事情，而且需要做出改变。在有孩子的场合，很多事情是你无法控制的，但有些事情你至少可以试着去控制。通过实施行为改变策略，比如**提前计划、制订时间表、提前应对有压力的情境以及专**

注于自我照顾，你的旅行或节日可能会因此更加顺利。如果你积极改变，你会感觉更好、更有力量。

制订计划

在本书中，我们讨论了妈妈们为了有效管理情绪，可以提前做计划及对大的任务进行拆分。提前计划和任务管理对特别活动尤其有用，因为这些活动很耗费妈妈们的精力。分配好活动的时间，并制订计划，可以大大减少活动前和活动中的压力，也能确保它们符合你的价值观。

下面这些规则都适合规划聚会、节日、假期或学校的休息日。提前几周花点儿时间列出你需要完成的所有事情，这些事情取决于你的计划，它们可能包括购买活动用品或礼物、打扫房间、准备食物、打包行李、预订用餐或游览项目，或联系相关的家庭成员了解他们的计划。接下来，把这个清单分解成几个独立好管理的步骤，并在接下来的几周里，每周完成其中的一个或几个步骤。

凯特琳要在家里办圣诞节活动，为此她制作了一个详细的活动清单。在生完第一个孩子后，她就邀请她和伴侣诺拉两边的家人来家里共进圣诞晚餐，她希望所有亲人都能聚在她家，和儿子一起庆祝他的第一个圣诞节。但感恩节一过，凯特琳就紧张起来，她预计会来15位亲戚，其中还有3个小孩，她的父母和公婆也会住在她家里。再加上儿子不怎么睡觉，她的耐心和精力已经快消耗完了。

为了缓解压力,凯特琳制订了一个圣诞计划。在下面的方框中,你会看到凯特琳列出的所有圣诞节相关任务,以及这些任务的细分情况。凯特琳在圣诞节前几周,每周都给自己安排一些任务,并在每周周初对清单做进一步的分解,标记好她每天需要完成的任务。

凯特琳的圣诞节计划

12 月 2 日～8 日的一周

1. **礼物**

   a. 网上订购:托马斯、父母、侄女和侄子(诺拉做)、诺拉的父母

   b. 把托马斯的圣诞节礼物清单寄给父母、公婆

2. **在网上设计并订购节日贺卡**

3. **购买圣诞树(我和诺拉做)**

4. **装饰家里(诺拉做)**

12 月 9 日～15 日的一周

1. **确定圣诞晚餐计划:**

   a. 联系布赖恩,问问他的孩子喜欢吃什么

   b. 列出购买食材清单

   c. 如果计划购买现成的食物,需要订购

   d. 给客人发邮件,通知他们需要带什么东西

2. 到家居用品店挑选桌布、折叠桌、缺少的餐具（诺拉做）

12月16日~22日的一周

1. 给家里大扫除

    a. 清空游戏室的家具给诺拉的父母住（我和诺拉做）

    b. 确保有足够多的干净床单和毛巾，如果不够，要清洗（我和诺拉做）

    c. 把碗碟、餐具拿出来备用

2. 制作圣诞节饼干

12月23日

1. 早上到食品店购买清单上的食物（诺拉做）
2. 提前准备好以下食物

    a. 开胃小菜

    b. 甜点

3. 按小时定好12月25日的烹饪时间表（什么时候要把东西放进烤箱）

12月24日

1. 准备和制作食物

    a. 火鸡（解冻、腌制）

    b. 沙拉

    c. 切好蔬菜

2. 摆放好礼物

12 月 25 日

1. 早上 7 点：在客人到之前把还没有做好的食物都做好（诺拉负责孩子的事）
2. 11 点：摆上开胃小菜
3. 按照时间表把食物放进烤箱

你会注意到，凯特琳把这些任务中的好几项委托给诺拉来做，并要求客人自带食物。我们之前就谈论过委托他人的重要性，我在这里再次强调一下，我知道很多妈妈坚持认为，配偶、父母等家人不可能帮助她们完成节日、旅行或聚会的准备工作。我会问她们：你的家人会上网吗？会去商店吗？如果会，他们绝对可以帮到你。你可以结合他们的长处来分配一些具体的任务，告诉他们什么时候要完成这些任务，然后让他们去做就行。

制订日程表，即使你不一定能完全执行

在特别活动的几周前制订好计划后，你可以给自己和孩子制订一个日程表。我知道之前我鼓励你用"管它呢"的态度来对待让你抓狂的特别活动，但我也认为，试着给这些日子制订一个相对宽松的日程安排表是有帮助的，即使你们最终根本无法按照这个日程安排表执行计划。正如我们在第 3 章中讨论的那样，制订

日程表能有效缓解焦虑，日程表给你提供了一个指引图，你不用想方设法一小时一小时地挨过活动时间和一天又一天的假期。此外，制订日程表还可以提高实现价值观驱动的目标的机会。

在瓦妮莎那次灾难性的海滩度假之后，她下定决心在下次旅行之前先制订好日程表。在旅行的几周前，她做了一些计划，先搞清楚家人喜欢在哪里就餐，以及他们喜欢的游览项目。大约在出发前一周，她看了一下天气预报，并给家人制订了一个初步的日程安排。你可以在下面的方框里看到她的日程安排。

瓦妮莎的假期日程安排表

8月20日

下午一点钟：到达目的地，放好行李

下午：泳池边用午餐，在泳池游泳

晚上：在酒店餐厅吃晚饭

8月21日

早上：吃完早餐，在泳池、沙滩玩

下午：泳池边用午餐，泳池、沙滩玩

晚上：在乔之家（Joe's）吃晚饭

8月22日

上午：坐海盗船

下午：瓦妮莎带布雷登到市里吃午饭、购物，保罗带卡特打网球

晚上：在卡萨米亚（Casa Mia）吃晚饭

<u>8月23日</u>

全天在水上公园，中午在那里吃饭

晚上：在酒店餐厅吃晚饭

<u>8月24日</u>

上午：泳池、沙滩

下午：水族馆，中午在那里吃饭

晚上：在海员之家（Seafarer's）吃晚饭

<u>8月25日</u>

早上：游泳池、沙滩

午餐：在游泳池边用餐，收拾东西

下午：开车返程

如你所见，瓦妮莎并没有按小时安排事情。她只对每一天做了一个大致的安排。知道小儿子不喜欢长时间待在沙滩上，于是她设计了各种各样的活动来吸引他和他的哥哥，在海滩之旅中穿插游泳池游泳等活动，使她的儿子能忍受待在沙滩上这件事。

假期的每个晚上，瓦妮莎都会跟孩子分享第二天的日程安

排。我强烈建议你也这么做，孩子们会从日程安排表中获益匪浅，如果日常生活规律被打破，他们跟大人一样也会失控。让孩子提前知道当天或当周的活动安排，这有助于减少他们的焦虑，并让他们获得掌控感。你甚至可以让孩子参与制订第二天或即将到来的旅行或活动计划。

特别活动的日程安排有两个重要注意事项。首先，日程不要安排过满。假期确实是孩子接触新鲜事物的好机会，但是新鲜事物过多也会让孩子刺激过度、脾气失控。在我没做妈妈之前，我很难理解这一点，直到有一年夏天，我带五岁的侄女贝拉去纽约市玩了一天，我想让她领略一下这个城市的风光，带她去逛纽约的美国女孩娃娃商店（American Girl）[1]、M&M's巧克力豆商店、玩具"反"斗城（Toys "R" Us）[2]，又看了百老汇表演。最后她的洞洞鞋进了雨水，我们的旅程以她崩溃尖叫了一小时收场。这一天的安排对她来说太满了，坦率说，对我也一样，现在回想起来，我当时应该只安排其中的一项或者最多两项活动。

其次，你还要记住，假期、节日和特别活动的日程表可能会有大的变动，你必须准备好随时放弃日程表。比较好的处理方法是把特别活动的日程表作为一个宽松的指南，这样就可以大大缓解你的事前焦虑。

---

1 北美最知名的娃娃商店，除了娃娃的衣物服饰，宠物，还有美发沙龙和娃娃主人的衣物。
2 全球最大的玩具及婴幼儿用品零售商，通过整合各类品牌，向消费者提供全方位及一站式购物的体验。

如果你精心制订的日程表最后功亏一篑，你感到不知所措并且压力巨大，可以试试"成人暂停冷静"技术和正念接纳练习，也可以进行"溪流上的树叶"练习，想象把自己最完美的计划写在树叶上，然后看着它们顺着流水离你远去。你只要观察计划漂走，不要试着去挽救它们，接受它们已经消失的事实，接着思考你和你的孩子该怎样适应这种变化。

我发现在放暑假前提前制作日程表特别有用。更多暑期日程安排内容，请参见下面方框里的内容。

暑期日程安排

暑期对父母来说是非常有压力的，因为孩子比上学时少了很多有组织性的活动。不仅小学生是这样，幼儿也是如此。暑期夏令营的时间往往非常有限，而且很多在学年中开展的儿童课程和活动暑期也会停开。

我非常支持你制订家庭的暑期日程表。你不需要在日程表上做特别多的安排，只要安排你们日常会做的事情，比如去游泳池游泳、去公园散步、参加日间训练营。此外，不需要提前很多天制订计划，如果你知道第二天的天气不错，你和孩子的心情也不错，提前一晚制订第二天的日程表即可。正如我们在第 3 章中所讨论的，任何类型的日程表，即使只是随意的日程表，都能降低你焦虑、无聊和感到空虚的概率。同样，如果你的孩子已经比较大，你可以把日程表提前告诉他们，甚至征求他们的意见。

准备好接待叔祖父罗恩

不用我说明你也知道，**假期、节日和特别活动是家庭和婚姻冲突的滋生地**，原因是多方面的：在这些时候我们都很有压力，因此无法保持最好的、最礼貌的、善于处理关系的状态；家庭成员对假期或度假会有不同的意见；习惯小单位活动的家庭可能突然发现自己被人山人海包围；自 21 世纪初就没有住在同一屋檐下的大家族成员可能被迫连续几天共处一室。

重要的是要提前为应对假期、节日和特别活动可能发生的人际摩擦做好准备。虽然我们无法准确预测谁在什么情境中可能会失控，但是可以根据我们以前跟这些人打交道的经验，思考我们可能会遇到的压力诱发因素，并提前制订好应对计划。

我能够马上想到的例子是在家庭聚会中讨论政治问题。我这几年见过的很多妈妈来访者无不在家庭聚会前感到头疼，担心叔祖父罗恩[1]会在聚会上对很多国家问题大放厥词。我已经帮助很多妈妈使用一些有效的策略，制订了应对叔祖父罗恩的计划：指派一个家人在罗恩出现大放厥词的苗头时转移他的注意力；提前准备几个罗恩感兴趣的非政治话题；甚至和其他家人提前定好一个信号，如果有人不想再听罗恩的抱怨，可以给其他人发信号，就像《宋飞正传》(*Seinfeld*)[2]中宋飞和艾琳需要从令人头疼的聚会

---

1 这里作者用叔祖父罗恩来泛指喜欢争论政治问题的长辈。
2 一部美国无主题情景喜剧。

讨论中解脱出来时用的宋飞式"拍脑袋"。

　　我的一些妈妈来访者也会选择提前跟叔祖父罗恩沟通，客气地请他不要在聚会上讨论政治话题。事实上，我觉得不管是确定合适的聚会聊天话题，还是购买礼物，甚至是确定谁来为整个家族的旅游费用买单，在假日和旅行之前先设定边界和明确期望都是非常有帮助的。我不想再给你举如何运用"如你所愿"的例子，但我确实想提醒你用"如你所愿"对话以及我们在第9～11章中所讨论的其他人际交往技巧，来设定有效的边界。

　　妮卡决定和她的母亲就女儿的一周岁生日聚会好好谈一次。妮卡的母亲在聚会的两个月前就开始买东西，并对她唯一孙女的一周岁生日聚会该怎么安排很有自己的想法，尤其坚持要请一帮人打扮成《芝麻街》里的人物。但妮卡对这个聚会有自己的想法，她担心母亲会像过往一样无视她的计划。

　　因此，妮卡问母亲可否共进午餐并讨论聚会的问题。妮卡把它说成是计划讨论，这样母亲会觉得自己也参与其中，她还用"我……"的表述来申明她想要什么，而不是把注意力集中在那些她母亲想要但她不想要的东西。她愿意在某些事情上与母亲妥协，例如同意摆放一个真人大小的艾摩（Elmo）[1]玩偶。她还利用母亲的长处，给母亲分配了一些母亲可以轻松完成的任务。

　　我知道有些人对节日传统、假期和聚会安排有非常强烈的想法，我也不相信几次"如你所愿"对话就能让他们改变想法。不

---

[1] 电视节目《芝麻街》里的一个角色。

过我认为，这种谈话至少可以提高满足你的某些需求的可能性，并让你更有掌控感。如果可以让你的家人做出一点点让步，我认为这就是一个巨大的胜利。

照顾好自己！

我们在第 6 章中谈到了照顾好自己和优先考虑自己需求的重要性。在假期、节日和特别活动中，妈妈们经常花费大量的时间和精力来满足家人的需求，因此很难照顾好自己。这就是为什么妈妈们最终会陪孩子玩危险的水滑梯、在蹦床公园举办 30 个五岁孩子参加的生日聚会。

问题是，这些活动会消耗你很多精力，所以，这个时候你更需要给自己补充能量。此外，在假期里，你通常会比平时花更多时间和孩子在一起。我个人认为，你花在孩子身上的时间越多，你就越需要给自己留出一些时间。

当你在制订节日庆祝或假期的日程表时，一定要在其中安排一些自我照顾。正如我在第 6 章中提到的，自我照顾的时间不用很长，也不用很复杂，你可以在孩子生日聚会当天早上去散个步，或者每天参加一项你很喜欢的假期活动。自我照顾关键在于有机会让自己恢复活力，准备好应对下一个家庭压力源。

你可以采用"苦中作乐"的策略，即在有压力的场合里努力让自己感到舒服。我自己的例子是夏天穿泳衣。在没生孩子之前，我还没有意识到一旦有了孩子，就可能会在众目睽睽之下穿着泳衣,后院派对上、海滩上,还有最令人讨厌的,是在邻居的游泳池边。一直以来,我都非常不习惯在公共场合穿泳衣,但在有了马蒂之后,我知道在未来的几年里,我不得不在公众场合穿泳衣。因此,我研究了一下并花重金购买了高质量的泳衣。现在,当我被迫需要去公共泳池时,至少我穿的泳衣能让我觉得舒服。

其他可能的"苦中作乐"情况包括:带上你自己做的最喜欢的食物去参加你不喜欢的节日聚会;在儿童度假地报名参加只限成人的活动;借孩子生日聚会之机与好久不见的朋友和家人一起出去玩。无论一个场合多么以孩子为中心,你还是能找到一些小方法让它变得舒服一点儿。

关于自我照顾和特别活动还有一点要注意:你在这些事情上优先考虑自己的快乐是可以的!你可以从照顾孩子的任务中暂时解脱出来,好好地关爱一下自己。我曾经有一位妈妈来访者苏珊娜,她要当她好朋友婚礼上的伴娘,这个婚礼在相隔几个州之外的地方举行。她的一对三岁的双胞胎也会参加婚礼。苏珊娜预想到整个婚礼上自己都要跟在孩子的屁股后面转,她不想这样,她想好好享受一番而不用担心孩子。于是她让好友给她找了一个当地的保姆,保姆在婚礼过程中照看孩子,并在孩子玩够的时候带他们回酒店。这次婚礼对苏珊娜来说是一个巨大的成功,她说,自从双胞胎出生以后,这是她第一次感到如此自由。

如果有人帮你看孩子,那的确很好,但你也不用非通过雇用保姆照看孩子才获得快乐,有时做到不那么在乎也是可以的,比如，你是一个很在乎孩子吃什么的妈妈，如果你在感恩节不那么在意孩子吃什么，你就可以享受自己的美食，而不是整个晚餐时间都在强迫一个眼里只有桌上馅饼的孩子吃红薯。你要知道，不管你要求他们必须吃什么，最后都会心软让他们吃甜点的，也可能是一位亲戚会偷偷摸摸地给他们吃，所以，为什么不享受你自己的食物呢？减少对孩子行为的警惕，但仍保持负责任的心态，可以帮助你真正享受自己的生活。

最后一次，我还是要提醒你我在本书中经常强调的一点：考虑你自己的需求很重要，做一位新手妈妈需要经历很多特殊场合或特别活动，尽你所能确保你能享受，至少不讨厌这些活动或事件。

附 录

无论如何，基于价值观行事

价值观备忘录

使用说明

每一个价值观领域,我分别列了几个价值观示例,同时配上基于这些价值观的陈述示例。首先,你要确定是否持有所列的这些价值观,如果你还持有其他的价值观,可以把它们添加进来。接下来,核对基于价值观的陈述,在符合你的陈述上打钩,如果你还有其他的价值观陈述,也可以添加进去。

可以用任何你觉得有意义的方式来解释这些价值观。比如,如果你在思考育儿过程中的支持这个价值观,你可以指经济上的支持或情感上的支持,或两者兼而有之。贡献可以指付出时间、精力或金钱,或三者兼而有之。

此外,我提供的一些价值观领域可能并不适用于你,如果你不怎么关心社区参与或精神信仰,可以直接跳过这些不重要的领域。

最后,如果你在某一个价值观领域里选了大量的价值观,试着排一下序,选择前面的三到四个进行目标设置即可。

育 儿

我们知道不同的父母会优先考虑不同的事情。你想成为什么样的父母？你希望你的亲子关系是怎样的？育儿的哪些方面对你来说很重要？

价值观示例：冒险、情感、真实、关怀、联结、一致、贡献、控制、纪律、共情、鼓励、灵活、有趣、诚实、幽默、正念、培养、思想开放、秩序、耐心、可靠、责任、榜样角色、安全、主动性、条理性、支持

你还能想到其他对你来说很重要的育儿价值观吗？

基于价值观陈述的示例：

1. 我比较看重亲自陪伴孩子。
2. 我比较看重做一个正念父母，不管我的孩子在做什么我能跟他们保持同频。
3. 我比较看重养育的"亲力亲为"，负责带他们去玩、上课、与保姆和托儿所沟通。
4. 我比较看重为孩子做计划，给他们做日程安排、预约医生，给他们购买衣服和礼物。
5. 我比较看重管教孩子。
6. 我比较看重孩子保持规律的作息时间。
7. 我期望成为孩子的情感支持者，他们可以在有需要时找我。
8. 我比较看重在经济上支持孩子。

9. 我比较看重让孩子有独特的体验。
10. 我喜欢和孩子一起参加有趣的活动。
11. 我想把我的价值观传递给我的孩子。

■ 除了上述价值观，你还能想到你希望自己做到的育儿方式的其他陈述吗？

工作/职业

你期望工作/职业在你的生活中起多大作用?你会优先考虑工作的那些方面?

价值观示例:成就、抱负、平衡、挑战、社区、贡献、财务稳定、灵活性、独立、积极性、工作保障、学习、精通、认可、冒险、服务、团队合作

你还能想到其他对你来说很重要的工作价值观吗?

基于价值观陈述的示例:

1. 我比较看重拥有一份当孩子需要我时可以随叫随到的工作。
2. 我喜欢在家陪孩子。
3. 我比较看重对职业的承诺和投入。
4. 我比较看重有机会走出家门,与其他大人互动。
5. 我喜欢有挑战性的工作。
6. 我喜欢有创造性的工作。
7. 我喜欢帮助他人。
8. 我想尽可能多地赚钱。
9. 我比较看重工作、职业的灵活性。

■ 除了上述价值观,你还能想到你理想中的职业生涯的其他陈述吗?

健康/自我照顾

你会做哪些事情来照顾好自己？

价值观示例：成就、成功、果断、帮助、美、挑战、改变、承诺、自信、控制、驱动力、健身、心理健康、条理性、仪式感、自我定义、自律、完整性

你还能想到其他对你来说很重要的健康/自我照顾价值观吗？

基于价值观陈述的示例：

1. 我比较看重把大量的时间和精力投入具有挑战性的锻炼计划中。
2. 我比较看重定期活动身体。
3. 我比较看重通过自助或治疗积极改善我的心理健康。
4. 我比较看重定期练习正念、瑜伽。
5. 我看重外表美观和着装搭配。
6. 我比较看重健康的饮食。
7. 我比较看重能帮我看起来和感觉良好的活动，比如定期做头发、美甲、美足、按摩、面部护理、身体护理。
8. 我比较看重家里干净整洁。
9. 我认为能说"不"是自我照顾的一种形式。
10. 我需要保姆或家人定期帮我看孩子。

■ 除了上述价值观，你还能想到你想要的自我照顾方式的其他陈述吗？

教育/学习

有些妈妈很高兴自己不用再学习,而有些妈妈则想继续学习。你希望教育在你的生活中扮演什么角色?

价值观示例:成就、挑战、社区、好奇心、探索、成长、积极性、知识、掌握、开放的心态、自我定义、自我发展、真理、理解、智慧

你还能想到其他对你来说很重要的教育/学习价值观吗?

基于价值观陈述的示例:

1. 我比较看重不断学习新的育儿知识,关注最新的育儿博客、网站。
2. 我比较看重不断学习育儿以外的新事物。
3. 我比较看重对新闻、外界的了解。
4. 我比较看重任何可以让我获得教育的机会。
5. 我比较看重智力上的成长。
6. 我比较看重终身学习。
7. 我比较看重和其他成人一起学习。

■ 除了上述价值观,你还能想到你想要的教育/学习体验的其他陈述吗?

娱乐/休闲/爱好

除了家庭和工作,还有什么事情能帮助你定义自己?

注意:考虑那些你热爱的休闲/娱乐活动,并在下面的价值观声明中用休闲/娱乐活动代替"我的爱好"。

价值观示例:成就、冒险、挑战、社区、联结、控制、创造力、好奇心、兴奋、乐趣、成长、积极性、灵感、掌握、坚持、仪式感、自我定义、自律、自我表达、熟练、条理性

你还能想到其他对你来说很重要的娱乐/休闲/爱好价值观吗?

基于价值观陈述的示例:

1. 我比较看重把自己定义为一个追求爱好的人。
2. 我比较看重能够定期参与我的爱好。
3. 我比较看重不断努力发展我的爱好。
4. 我比较看重在追求我的爱好过程中带来的压力缓解、精神放松。
5. 我比较看重独自追求自己的爱好。
6. 我比较看重与他人一起追求我的爱好。
7. 我比较看重有条不紊地追求我的爱好。
8. 我比较看重不断设置和达成我的爱好上的目标。

■ 除了上述价值观,你还能想到你想要的娱乐/休闲/爱好的其他陈述吗?

精神信仰

你认为自己是一个有精神信仰的人吗？你是否希望在你的日常生活中能进行一些精神上的探索？

价值观示例：舒适、社区、联结、贡献、启发、信仰、感恩、谦逊、仁慈、正念、互惠、责任、仪式感、自我发展、传统

你还能想到其他对你来说很重要的精神信仰价值观吗？

基于价值观陈述的示例：

1. 我比较看重成为一个有组织的合规的宗教团体的成员。
2. 我比较看重定期践行我的宗教信仰。
3. 我比较看重培养自己的精神信仰，不仅考虑自己，还考虑自己与世界、宇宙的联结。
4. 我比较看重与同样有精神信仰的人共处。
5. 我比较看重一些有意义的宗教仪式。

■ 除了上述价值观，你还能想到你理想中信仰生活的其他陈述吗？

社区参与/行动主义

你是否希望参与社区活动,不管是当地的还是国家或国际层面的?

价值观示例:行动、利他、关怀、变革、社区、共情、联结、贡献、合作、勇气、多样性、平等、公平、自由、正义、坚持、自豪、尊重、责任、服务、团队合作

你还能想到其他对你来说很重要的社区参与价值观吗?

基于价值观陈述的示例:

1. 我比较看重参与改善我的城市、社区的工作。
2. 我比较看重参与有意义的政治事业。
3. 我比较看重参与有意义的社会公正事业。
4. 我比较看重与社区中同样热衷于我所关心的事业的人建立联系。

■ 除了上述价值观,你还能想到你理想中的社区参与的其他陈述吗?

伴侣关系

不同的妈妈希望从伴侣关系中得到不同的东西。你希望你的伴侣关系是什么样子的？你想成为什么样的伴侣？

价值观示例：协作、沟通、联结、一致性、信赖、鼓励、平等、幽默、独立、亲密、开放心态、热情、互惠、可靠性、尊重、浪漫、安全、保障、主动、支持、团队合作、脆弱性

你还能想到其他对你来说很重要的伴侣关系价值观吗？

基于价值观陈述的示例：
1. 我比较看重与伴侣公开沟通，分享并倾听彼此的观点和感受。
2. 我比较看重在伴侣关系上花时间。
3. 我比较看重没有孩子的社交和娱乐活动的机会。
4. 我比较看重独属于我们两人的社交和娱乐活动。
5. 我比较看重和伴侣共同养育孩子，一起做养育决策。
6. 我比较看重关系中的平等，这样我们对家庭的贡献是一样的。
7. 我比较看重在关系中被照顾的感觉。
8. 我比较看重与伴侣保持一定的空间距离。
9. 我比较看重与伴侣分担家庭责任，划分需要各自负责的事务。
10. 我比较看重"掌管全家"，伴侣不用干什么事。

■ 除了上述价值观，你还能想到你理想中的伴侣关系的其他陈述吗？

大家庭

新手父母对与大家庭成员建立何种关系类型的期望差异很大。你想成为什么样的家庭成员，你希望自己的小家庭与亲戚如何互动？请注意，你可能需要根据不同的家庭成员分几次完成这个部分的工作。

价值观示例：自信、真实、关怀、沟通、联结、可靠、共情、灵活性、宽恕、感恩、诚实、包容、独立、忠诚、义务、开放、耐心、互惠、可靠、尊重、责任、传统、信任

你还能想到其他对你来说很重要的亲戚关系价值观吗？

基于价值观陈述的示例：
1. 我比较看重定期与亲戚联络。
2. 我比较看重从亲戚处获得育儿方面的意见和建议。
3. 我比较看重在亲戚和我的孩子之间培养牢固的关系。
4. 我比较看重尊重亲戚的意愿。
5. 我比较看重亲戚能来帮我照顾孩子。
6. 我比较看重与亲戚保持一定的或较远的距离（物理上、情绪上，或两者兼而有之）。
7. 我比较看重能够独立做出决定，不受亲戚的意见影响。
8. 我比较看重与亲戚保持礼貌、亲切而不逾矩的关系。

■ 除了上述价值观，你还能想到你理想中的亲戚关系的其他陈述吗？

友 谊

妈妈们对友谊有不同的期许。有些人想成为亲密的、类似《欲望都市》(Sex and the City)[1]里那样的朋友群。另外一些人则觉得维持友谊不堪重负，只想和对方成为泛泛之交。你想建立什么类型的友谊？你想成为什么样的朋友？

价值观示例：自信、真实、关怀、沟通、社区、联结、可靠、多样性、共情、鼓励、平等、灵活性、有趣、慷慨、诚实、幽默、包容、亲密、忠诚、开放、耐心、互惠、可靠、尊重、支持、团队合作、信任、理解、脆弱性

你还能想到其他对你来说很重要的友谊价值观吗？

基于价值观陈述的示例：
1. 我比较看重与那些我可以坦诚分享生活细节的人建立深厚的友谊。
2. 我比较看重拥有一个妈妈朋友社群，我可以跟她们宣泄和讨论育儿过程中的情绪波动。
3. 我比较看重拥有愿意花时间帮助我或我的孩子的朋友圈。
4. 我比较看重拥有一群志同道合的朋友，可以跟他们分享我对政治问题、社会问题的观点。

---

[1] 1998年开播的美剧，围绕感情专栏作家凯莉讲述了纽约曼哈顿四个单身女人寻找真正的爱情和归宿的故事。

5. 我比较看重定期不带孩子，和朋友一起出去玩的机会。

6. 我比较看重定期带上孩子和朋友出去玩的机会。

7. 我比较看重拥有有趣的朋友，他们帮我从带孩子的日常生活中解脱出来。

8. 我比较看重有一群泛泛之交的朋友，我们可以在孩子活动上闲聊，或请他们帮助我解决与孩子有关的问题，比如拼车或一起出去玩。

■ 除了上述价值观，你还能想到你理想中的友谊的其他陈述吗？

节日/特别活动

节日和特别活动的哪些方面对你来说很重要？你希望的节日和特别活动是怎样的？

价值观示例：联结、贡献、控制、信仰、家庭、慷慨、包容、丰富、秩序、尊重、仪式感、常规、神圣、服务、简单、主动性、条理性、节俭、传统

你还能想到其他对你来说很重要的节日/特殊节日活动价值观吗？

基于价值观陈述的示例：

1. 我比较看重能在家里庆祝节日或举办特别活动。
2. 我比较看重主办或参加精心准备的庆祝活动。
3. 我比较看重与家人和朋友一起度过节日/特别活动。
4. 我比较看重只和最亲的几个人一起安静地庆祝节日/特别活动。
5. 我比较看重把传统传承给我的孩子。
6. 我比较看重在节日期间与大家庭保持一定的距离。
7. 我会把宗教或宗教仪式排在首位。
8. 我倾向于用慈善活动来纪念节日/特别活动。
9. 我比较看重有计划、有组织的节日/特别活动。
10. 我比较看重用低调的、放松的方式来庆祝节日。

■ 除了上述价值观，你还能想到你理想中的节日/特别活动的其他陈述吗？

家庭假期

家庭假期的哪些方面对你来说很重要？你希望你的家庭假期是怎样的？

价值观示例：活动、冒险、联结、贡献、控制、多样性、兴奋、家庭、健身、独立、休闲、自然、秩序、游戏、放松、常规、自我照顾、简单、主动性、条理性、节俭、传统

你还能想到其他对你来说很重要的家庭假期价值观吗？

基于价值观陈述的示例：

1. 我喜欢安排紧凑、活动满满的假期。
2. 我喜欢慢节奏和悠闲的假期。
3. 我喜欢劳逸结合的假期。
4. 我把假期视为孩子接触冒险、健身、自然、不同文化，或以上所有事物的机会。
5. 我认为假期是家人团聚的机会。
6. 我喜欢精心安排的豪华假期。
7. 我喜欢简单朴素的假期。
8. 我比较看重假期给每个家人提供追求个人爱好或自我照顾的机会。

■ 除了上述价值观，你还能想到你理想中的家庭假期的其他陈述？

致　谢

我的母亲黛安娜·斯坦·多布罗夫教会了我如何成为一个有爱心的母亲和一个有爱心的人。她与我的父亲哈维、哥哥拉里以及同样也是一位杰出母亲的姐姐朱莉一起，给了我一个充满爱、温暖和欢笑的家庭，以及一直以来无条件的鼓励。

我要感谢我生命中另外三位重要的母亲——我的祖母"牙牙奶奶"埃莉诺·多布罗夫和我的外祖母"心心奶奶"埃莉诺·斯坦，她们一定会非常喜欢这本书的！我还要感谢我的婆婆丽塔·迪马科。这几位了不起的女性深深地影响着我的生活和养育孩子的过程。

我很庆幸嫁入了一个很不错的家庭——迪马科家族，我要感谢他们，特别是罗布·迪马科，他给了我很大的帮助和鼓励。

在写本书的过程中，我得到过许多人的帮助。感谢我的导师特里·威尔逊热情地给我分享了认知行为疗法（cognitive behavior therapy, CBT）。索尔·奥斯特利茨阅读了我的初稿并给予了我写作方面的建议。瓦莱丽·多布罗夫协助我完成了本书的出版。在我的大家庭（extended family）[1]中，多布罗夫、斯坦、纳尔奇西和罗森堡等人一直在给我打气。我还要感谢那些给了我极大支持的朋友，特别是克鲁帕·德赛、阿曼达·凯林斯、阿比·普雷塞尔和帮我想到本书书名的贝姬·西尔伯。感谢和我分享专业知识的朋友谢丽·德林斯基、德博拉·格拉索弗、谢比·哈里斯、萨曼莎·卢茨和艾莉森·托皮洛。汤姆·约翰逊帮我拍了很棒的作者照。热情幽默的丽贝卡·施拉格·赫什伯格毫无保留地教我如何写书，并给我介绍了吉尔福德出版社的编辑姬蒂·穆尔和克里斯蒂娜·本顿。

说到善良风趣的姬蒂和克里斯蒂娜，她们指导我完成了出书的每一步，给我提供了精准的建议、有见地的反馈和坚定不移的鼓励。作为作者，能够和她们这样的编辑合作，我感到自己真的很幸运。我还要感谢吉尔福德出版社的宣传员露西·贝克，她除了帮忙宣传本书外，还阅读了本书出版过程各个阶段的原稿，并提供了非常有用的反馈。

我也要感谢多年来遇到的妈妈来访者们。她们信任我，与我分享她们最私密的经历，让我有机会帮助需要照顾婴幼儿的她们渡过难关。

非常感谢我的两个儿子——马蒂和萨姆。你再也找不到比他们更幽默、更可爱、更快乐的男孩儿了。最后，我要感谢我的丈夫克里斯·迪马科，如果没有他，这本书的完成，连同我生命中其他重要的事情都不会发生。我对他的欣赏、感激和爱是无以言表的。

---

[1] 尤指三代以上同堂的家庭，在本书统一翻译为大家庭。（如无特别说明，本书脚注均为译者注。）